黄河流域生态
研学与评价策略

高远 著

中国海洋大学出版社
·青岛·

图书在版编目(CIP)数据

黄河流域生态研学与评价策略 / 高远著 . -- 青岛:
中国海洋大学出版社,2024. 12. -- ISBN 978-7-5670
-4064-9

Ⅰ. G633. 982;X321. 22

中国国家版本馆 CIP 数据核字第 20247HS131 号

出版发行	中国海洋大学出版社			
社　　址	青岛市香港东路 23 号		邮政编码	266071
出 版 人	刘文菁			
网　　址	http://pub.ouc.edu.cn			
订购电话	0532‐82032573（传真）			
责任编辑	董　超		电　　话	0532‐85902342
电子信箱	465407097@qq.com			
装帧设计	青岛汇英栋梁文化传媒有限公司			
印　　制	青岛中苑金融安全印刷有限公司			
版　　次	2024 年 12 月第 1 版			
印　　次	2024 年 12 月第 1 次印刷			
成品尺寸	170 mm × 240 mm			
印　　张	10.25			
字　　数	180 千			
印　　数	1—1000			
定　　价	99.00 元			

发现印装质量问题,请致电 0532-85662115,由印刷厂负责调换。

    "从某种意义上讲,中华民族治理黄河的历史也是一部治国史","九曲黄河,奔腾向前,以百折不挠的磅礴气势塑造了中华民族自强不息的民族品格,是中华民族坚定文化自信的重要根基"。这是2019年9月18日习近平总书记在黄河流域生态保护和高质量发展座谈会上的重要讲话。黄河流域生态保护和高质量发展上升为重大国家战略。

    2021年5月29日,时任山东省委教育工委常务副书记,省教育厅党组书记、厅长邓云锋出席沿黄九省区青少年学生研学实践活动启动大会,指出通过开展沿黄青少年研学实践活动,深入挖掘黄河文化蕴含的时代价值,讲好黄河故事,延续历史文脉,是贯彻落实习近平总书记重要指示、践行国家黄河战略的有力举措,也是对青少年校外教育的一种模式创新。

    为深入贯彻落实习近平总书记黄河流域生态保护和高质量发展国家战略,主动担当作为,努力在"让黄河成为造福人民的幸福河"的伟大事业中贡献力量,2019年10月至2024年7月,我组建研究团队开展黄河流域生态研学与评价策略教学研究与实践活动。

    2021年7月、2022年8月、2023年7月和2024年7月,四次组织实施黄河青海流域生态研学。以贵德阿什贡景区、龙羊峡景区、土族故土园景区为实验组,以青海湖景区、大柴旦翡翠湖景区、祁连卓尔山景区为对照组,采集土样;以大通河、龙羊峡、贵德阿什贡为实验组,采集水样。

    2022年7月、2023年6月和2024年7月,三次组织实施黄河四川流域生态研学。以若尔盖草原、花湖景区、黄河九曲第一湾景区为实验组,以九寨沟景区、黄龙景区为对照组,采集土样。

    2021年7月、2022年8月、2023年6月、2023年7月和2024年7月,五次组织实施黄河甘肃流域生态研学。以扎尕那景区、美仁草原、兰州黄河滩、麦积山石窟景区为实验组,以敦煌莫高窟景区、嘉峪关景区、张掖丹霞景区、雷台汉墓景区为对照组,采集土样;以黄河玛曲、兰州黄河滩、大夏河为实验组,采集水样。

    2021年5月,组织实施黄河宁夏流域生态研学。以贺兰山岩画景区、沙湖景区、水洞沟景区、西夏风情园景区为实验组,采集土样;以沙坡头景区、青铜峡景区、中华黄河楼景区、沙湖景区、水洞沟景区为实验组,采集水样。

2023 年 5 月,组织实施黄河内蒙古流域生态研学。以响沙湾景区、成吉思汗陵景区为实验组,以昭君博物院景区、将军衙署景区为对照组,采集土样;以黄河内蒙古流域黑柳子、三盛公、磴口、头道拐、喇嘛湾、大黑河口断面为实验组,采集水样。

2023 年 4 月和 5 月,两次组织实施黄河山西流域生态研学。以皇城相府景区、郭峪古城景区为实验组,以五台山景区、雁门关景区、云冈石窟景区、平遥古城景区为对照组,采集土样;以黄河山西流域拴驴泉、曲立、裴沟、龙门、上毫城断面为实验组,采集水样。

2021 年 7 月和 2023 年 6 月,两次组织实施黄河陕西流域生态研学。以秦始皇帝陵博物院景区、华清宫景区为实验组,以老县城国家级自然保护区、佛坪国家级自然保护区为对照组,采集土样;以渭河、榜沙河、葫芦河为实验组,采集水样。

2020 年 10 月、2021 年 7 月、2023 年 4 月、2023 年 5 月和 2023 年 6 月,五次组织实施黄河河南流域生态研学。以龙门石窟景区、白马寺景区、陕州地坑院景区为实验组,以太行大峡谷景区、殷墟遗址博物馆景区为对照组,采集土样;以黄河河南流域窄口长桥、龙门大桥、白马寺、七里铺、封丘王堤断面为实验组,采集水样。

2023 年 7 月,组织实施黄河山东流域生态研学。以千佛山景区、五龙潭景区、大明湖景区为实验组,以微山湖景区、养马岛景区、蓬莱阁景区为对照组,采集土样;以黄河山东流域泺口、卧虎山水库、王台大桥、徐家汶、贺小庄断面为实验组,采集水样。

我们组织实施黄河流域生态研学,开展土壤和水体调查研究、科学评价,为黄河流域土壤保护和水质维持提供依据。在实验室检测土样 pH、有机质、全氮、全磷、全钾、水解性氮、有效磷、速效钾含量和土壤重金属铬、钼、镍、锌、镉、铅、铜、钒、砷、汞含量,分析评价土壤养分差异和等级、重金属差异和等级;检测水样 pH、溶解氧、电导率、浊度、高锰酸盐指数、氨氮、总磷、总氮,分析评价水质差异和等级。

我们开展黄河流域生命共同体生态研学实践,实现了教学场景和学习方式的重大转变,教学场景从单一的学校课堂变更为学校课堂→自然课堂→学校课堂,学习方式从单一的课堂学习变更为课堂学习→研学实践→课堂学习。

本书系山东省教育教学研究课题"黄河研学课程建设的推进策略研究"(2022HHZX393)重要研究成果。

限于研究水平和条件,书中难免会有疏漏和不足之处,敬请读者批评指正。

高远

2024 年 8 月 9 日

目录
Contents

第一章　黄河青海流域生态研学

核心素养

文化基础 / 人文底蕴 / 人文情怀

文化基础 / 科学精神 / 勇于探索

社会参与 / 责任担当 / 社会责任

社会参与 / 实践创新 / 问题解决

学习方式

查阅信息、交流访问、野外调查、讨论与展示

研学五问

1. 如何在给定的生态研学项目中开展一项个性化创新课题研究？

2. 如何完善这一项个性化创新课题？

3. 开展这一项个性化创新课题需要做哪些准备？

4. 你打算如何展示该项创新课题成果？

5. 你有什么收获和体会？

研究目的:组织实施黄河青海流域生态研学,开展土壤和水体调查研究,科学评价,为黄河青海流域土壤保护和水质维持提供依据。

研究方法:以贵德阿什贡景区、龙羊峡景区、土族故土园景区为实验组,以青海湖景区、大柴旦翡翠湖景区、祁连卓尔山景区为对照组,随机挖取表层土样约 1 kg 封袋,带回实验室检测 7 种养分指标和 10 种重金属指标,分析评价土壤养分和重金属含量。以大通河、龙羊峡、贵德阿什贡为实验组,随机采集河流湖泊表层水样约 1 L 各 5 份装瓶,带回实验室检测 pH、溶解氧、电导率、浊度、高锰酸盐指数、氨氮、总磷、总氮,分析评价水质。

调查结果:(1) 土壤 pH:7.98 ~ 9.24;有机质:0.69 ~ 27.80 g/kg;全氮:0.13 ~ 2.57 g/kg;全磷:0.29 ~ 0.94 g/kg;全钾:3.70 ~ 18.70 g/kg;水解性氮:29.80 ~ 198.00 mg/kg;有效磷:1.99 ~ 39.90 mg/kg;速效钾:133.00 ~ 1290.00 mg/kg。(2) 土壤砷含量:7.19 ~ 16.10 mg/kg;镉:0.07 ~ 0.16 mg/kg;铅:11.7 ~ 31.0 mg/kg;汞:0.02 ~ 0.12 mg/kg;铜:9 ~ 26 mg/kg;镍:12 ~ 40 mg/kg;锌:45 ~ 89 mg/kg;铬:24 ~ 96 mg/kg;钒:40.5 ~ 72.7 mg/kg;钼:0.47 ~ 1.62 mg/kg。(3) 水体 pH:8.21 ~ 8.33;溶解氧:7.49 ~ 12.17 mg/L;电导率:330.4 ~ 399.0 μS/cm;浊度:11.62 ~ 380.60 NTU;高锰酸盐指数:0.43 ~ 3.27 mg/L;氨氮:0.025 ~ 0.025 mg/L;总磷:0.005 ~ 0.039 mg/L;总氮:0.65 ~ 1.23 mg/L。

研究结论:(1)阿什贡土壤有机质、全氮、全磷、水解性氮、有效磷养分等级差;龙羊峡土壤全氮和速效钾养分等级优,水解性氮养分等级差;故土园土壤全氮、水解性氮、有效磷、速效钾养分等级优,有机质、全钾养分等级差;青海湖土壤全氮、全磷、水解性氮、有效磷、速效钾养分等级优;翡翠湖土壤全氮、有效磷、速效钾养分等级优,全钾养分等级差;卓尔山土壤有效磷养分等级差。综合评价:青海湖>龙羊峡=故土园=翡翠湖>卓尔山>阿什贡。(2)土壤重金属含量不超标,无污染风险。(3)大通河水体溶解氧、高锰酸盐指数、氨氮、总磷评价均为Ⅰ类水,总磷评价为Ⅲ类水;龙羊峡水体高锰酸盐指数、氨氮、总磷评价均为Ⅰ类水,溶解氧评价为Ⅱ类水,总磷评价为Ⅲ类水;贵德阿什贡水体溶解氧、氨氮评价均为Ⅰ类水,高锰酸盐指数、总磷评价均为Ⅱ类水,总氮评价为Ⅳ类水。

1 项目背景

　　青海是"三江之源""中华水塔",长江、黄河、澜沧江发源地,维系着全国乃至亚洲的水生态安全。区域内发育和保持着世界上原始的大面积高寒生态系统,具有极其重要的水源涵养功能,是全球气候变化反应最为敏感的区域之一。在青海省内,黄河流域面积达 15.23 万 km²,干流长度占黄河总长的 31%,对黄河流域水资源可持续开发利用具有决定性影响。没有源头水源涵养,就没有几千年来奔流不息的滚滚黄河。自觉担负起黄河源头生态保护治理的重大责任,推动黄河流域生态环境保护和高质量发展,是青海义不容辞的重大责任使命(咸文静,2020;马德君,2020)。

　　2021 年 6 月,习近平总书记在青海考察,指出要积极推进黄河流域生态保护和高质量发展,综合整治水土流失,稳固提升水源涵养能力,促进水资源节约集约高效利用。他还强调,生态是资源和财富,是我们的宝藏。青海在生态文明方面的战略位置非常重要,分量很重。要把青海生态文明建设好、生态资源保护好。

2 项目研究意义

　　本研究团队在 2021 年 7 月、2022 年 8 月、2023 年 7 月和 2024 年 7 月,四次赴黄河青海流域开展调查(图 1-1),在 2022 年 8 月采集土样和水样,据此做生态保护与高质量发展评价。

图 1-1　2021—2024 年黄河青海流域调查合影

图 1-1（续） 2021—2024 年黄河青海流域调查合影

3 调查方法及过程

3.1 研究区域

贵德阿什贡景区，位于青海省海南藏族自治州贵德县，由黄河河谷景区、阿什贡七彩峰丛景区和麻吾峡风蚀地貌景区共同组成贵德国家地质公园，主要地质遗迹面积 113.6 km²,总面积 554 km²。2018 中国黄河旅游大会上,贵德高原生态旅游区(含阿什贡景区)被评为"中国黄河 50 景",现为国家地质公园、国家 5A 级旅游景区(张照伟等,2014;魏刚等,2016)。

龙羊峡景区,位于青海省境内黄河干流上游龙羊峡镇西南龙羊湖畔,又名龙羊峡水库景区或龙羊湖景区,以龙羊峡水电站部分施工遗址为中心,依托龙羊峡大坝而建,坝址处天然年平均径流量 208 亿 m³,坝高 178 m,水库正常蓄水位为 2600 m,对应库容 247 亿 m³,回水长度 108 km,坝前正常蓄水位对应水深 154 m。2018 中国黄河旅游大会上,龙羊峡景区被评为"中国黄河 50 景",现为国家 4A 级旅游景区(宋策等,2011;都慧芳等,2024)。

土族故土园景区,位于青海省海东市互助土族自治县威远镇,总面积 6.81 km²,其中核心游览区 3.25 km²。景区包括天佑德中国青稞酒之源、彩虹部落土族园、纳顿庄园和西部土族民俗文化村、小庄土族民俗文化村,现为国家 5A 级旅游景区(向程等,2019;邵利等,2020)。

青海湖景区,位于青藏高原东北部青海省西宁市西北部刚察县南部,青海湖面积约 4456 km²,平均水深 21 m,湖面海拔 3196 m,是中国最大的内陆湖泊和咸水湖,现为国家级自然保护区和国家 5A 级旅游景区(江波等,2015;周美林等,2024)。

大柴旦翡翠湖景区,位于青海省海西蒙古族藏族自治州大柴旦行政区大柴旦镇,面积 15 km²,大柴旦盐湖风貌,硫酸镁亚型盐湖,因湖水颜色如翡翠般美丽所以被称为"翡翠湖",现为国家 4A 级旅游景区(张泽众和徐建龙,2022;彭杨靖,2023)。

祁连卓尔山景区,位于青海省海北藏族自治州祁连县八宝镇,属丹霞地貌,由红色砂岩、砾岩组成,最高海拔 3100 m,现为国家生态旅游示范区、国家 4A 级旅游景区(杜雨和万么项杰,2023)。

3.2 研究方法

实验室分析测定土壤 pH、有机质、全氮、全磷、全钾、水解性氮、有效磷、速效钾含量以及重金属含量。土壤有机质依据《LY/T 1237—1999 森林土壤有机质的测定及碳氮比的计算》,采用滴定法测定;全氮和水解性氮依据《LY/T 1228—2015 森林土壤氮的测定》,采用凯氏定氮法和滴定法测定;全磷和有效磷依据《LY/T 1232—2015 森林土壤磷的测定》,采用碱熔－钼锑抗分光光度法和比色法测定;全钾和速效钾依据《LY/T 1234—2015 森林土壤钾的测定》,采用原子吸收分光光度法测定。本次检测由青岛衡立检测研究院完成。

实验室分析测定水体 pH、溶解氧、电导率,浊度、高锰酸盐指数、氨氮、总磷、总氮含量。本次检测由临沂市科学探索实验室完成。

4 调查结果

4.1 土壤养分差异

检测分析黄河青海流域贵德阿什贡景区、龙羊峡景区、土族故土园景区、青海湖景区、大柴旦翡翠湖景区、祁连卓尔山景区 7 种土壤养分指标有机质、全氮、全磷、全钾、水解性氮、有效磷和速效钾含量差异(表 1-1)。

表 1-1 黄河青海流域贵德阿什贡、龙羊峡、土族故土园、青海湖、翡翠湖、祁连卓尔山景区土壤养分

指标	实验组			对照组		
	阿什贡	龙羊峡	故土园	青海湖	翡翠湖	卓尔山
pH	9.24	7.98	8.72	8.24	8.91	9.05
有机质	0.69	10.10	8.90	27.80	12.60	24.90
全氮	0.13	2.57	1.52	1.90	1.93	1.36
全磷	0.29	0.60	0.46	0.94	0.64	0.41
全钾	18.70	10.10	5.80	12.60	3.70	16.80
水解性氮	29.80	30.50	146.00	198.00	62.90	88.30
有效磷	1.99	15.10	38.90	39.90	32.10	4.31
速效钾	133.00	164.00	181.00	533.00	1290.00	149.00

注:有机质、全氮、全磷、全钾单位均为 g/kg;水解性氮、有效磷、速效钾单位均为 mg/kg。

土壤有机质含量:青海湖>祁连卓尔山>大柴旦翡翠湖>龙羊峡>土族故土园>贵德阿什贡;土壤全氮含量:龙羊峡>大柴旦翡翠湖>青海湖>土族故土园>祁连卓尔山>贵德阿什贡;土壤全磷含量:青海湖>大柴旦翡翠湖>龙羊峡>土族故土园>祁连卓尔山>贵德阿什贡;土壤全钾含量:贵德阿什贡>祁连卓尔山>青海湖>龙羊峡>土族故土园>大柴旦翡翠湖;土壤水解性氮含量:青海湖>土族故土园>祁连卓尔山>大柴旦翡翠湖>龙羊峡>贵德阿什贡;土壤有效磷含量:青海湖>土族故土园>大柴旦翡翠湖>龙羊峡>祁连卓尔山>贵德阿什贡;土壤速效钾含量:大柴旦翡翠湖>青海湖>土族故土园>龙羊峡>祁连卓尔山>贵德阿什贡。

4.2 土壤养分评价

依据《第二次全国土壤普查技术规程》土壤养分分级标准,采用土壤有机质、全氮、全磷、全钾、水解性氮、有效磷和速效钾 7 种养分指标,分别评价黄河青海流域贵德阿什贡景区、龙羊峡景区、土族故土园景区、青海湖景区、大柴旦翡翠湖景区、祁连卓尔山景区的土壤养分等级(表 1-2)。

表 1-2　黄河青海流域贵德阿什贡、龙羊峡、土族故土园、青海湖、
翡翠湖、祁连卓尔山景区土壤养分等级

指标	实验组			对照组		
	阿什贡	龙羊峡	故土园	青海湖	翡翠湖	卓尔山
有机质	6 级	4 级	5 级	3 级	4 级	3 级
全氮	6 级	1 级	2 级	2 级	2 级	3 级
全磷	5 级	3 级	4 级	2 级	3 级	4 级
全钾	3 级	4 级	5 级	4 级	6 级	3 级
水解性氮	6 级	5 级	2 级	1 级	4 级	4 级
有效磷	6 级	3 级	2 级	2 级	2 级	5 级
速效钾	3 级	2 级	2 级	1 级	1 级	3 级

贵德阿什贡土壤有机质、全氮、全磷、水解性氮、有效磷养分等级差;龙羊峡土壤全氮和速效钾养分等级优,水解性氮养分等级差;土族故土园土壤全氮、水解性氮、有效磷、速效钾养分等级优,有机质、全钾养分等级差;青海湖土壤全氮、全磷、水解性氮、有效磷、速效钾养分等级优;大柴旦翡翠湖土壤全氮、有效磷、速效钾养分等级优,全钾养分等级差;祁连卓尔山土壤有效磷养分等级差。综合评价:青海湖>龙羊峡=土族故土园=大柴旦翡翠湖>祁连卓尔山>贵德阿什贡。

4.3 土壤重金属差异

检测分析黄河青海流域贵德阿什贡景区、龙羊峡景区、土族故土园景区、青海湖景区、大柴旦翡翠湖景区、祁连卓尔山景区土壤重金属铬、钼、镍、锌、镉、铅、铜、钒、砷、汞含量差异(表 1-3)。

土壤砷含量:大柴旦翡翠湖>青海湖>土族故土园=祁连卓尔山>龙羊峡>贵德阿什贡;土壤镉含量:土族故土园>青海湖>祁连卓尔山>贵德阿什贡=大柴旦翡翠湖>龙羊峡;土壤铅含量:龙羊峡>青海湖>大柴旦翡翠湖>祁连卓尔山>贵德阿什贡>土族故土园;土壤汞含量:贵德阿什贡>祁连卓尔山>土族故土园=青海湖>大柴旦翡翠湖>龙羊峡;土壤铜含量:祁连卓尔山>青海

湖＞土族故土园＞龙羊峡＞大柴旦翡翠湖＞贵德阿什贡;土壤镍含量:大柴旦翡翠湖＝祁连卓尔山＞青海湖＞土族故土园＞龙羊峡＞贵德阿什贡;土壤锌含量:祁连卓尔山＞青海湖＞龙羊峡＞土族故土园＞贵德阿什贡＝大柴旦翡翠湖;土壤铬含量:龙羊峡＞青海湖＞祁连卓尔山＞土族故土园＞大柴旦翡翠湖＞贵德阿什贡;土壤钒含量:祁连卓尔山＞青海湖＞大柴旦翡翠湖＞龙羊峡＞土族故土园＞贵德阿什贡;土壤钼含量:青海湖＞祁连卓尔山＞龙羊峡＞土族故土园＞贵德阿什贡＞大柴旦翡翠湖。

表 1-3   黄河青海流域贵德阿什贡、龙羊峡、土族故土园、青海湖、
翡翠湖、祁连卓尔山景区土壤重金属   （单位:mg/kg）

指标	实验组			对照组		
	阿什贡	龙羊峡	故土园	青海湖	翡翠湖	卓尔山
砷	7.19	9.65	10.60	11.90	16.10	10.60
镉	0.08	0.07	0.16	0.15	0.08	0.14
铅	16.40	31.00	11.70	30.20	24.80	18.40
汞	0.12	0.04	0.10	0.10	0.09	0.11
铜	9.00	21.00	22.00	24.00	16.00	26.00
镍	12.00	31.00	36.00	38.00	40.00	40.00
锌	45.00	65.00	61.00	70.00	45.00	89.00
铬	24.00	96.00	61.00	70.00	40.00	63.00
钒	40.50	58.70	55.60	69.80	62.70	72.70
钼	0.47	0.99	0.85	1.62	0.41	1.29

4.4 土壤重金属评价

依据土壤环境质量土壤污染风险管控标准,采用土壤镉、铬、汞、镍、铅、砷、锌 7 种重金属指标,分别评价黄河青海流域贵德阿什贡景区、龙羊峡景区、土族故土园景区、青海湖景区、大柴旦翡翠湖景区、祁连卓尔山景区的土壤污染风险,显示全部正常,不超标,无风险。

4.5 水质分析

检测分析黄河青海流域大通河、龙羊峡、贵德阿什贡河流和湖泊水质指标 pH、溶解氧、电导率、浊度、高锰酸盐指数、氨氮、总磷、总氮含量差异(图 1-2)。

水体 pH、总氮含量:大通河＞贵德阿什贡＞龙羊峡;水体溶解氧含量、浊度:

贵德阿什贡＞大通河＞龙羊峡；水体电导率：龙羊峡＞大通河＞贵德阿什贡；水体高锰酸盐指数、总磷含量：贵德阿什贡＞龙羊峡＞大通河；水体氨氮含量：大通河＝贵德阿什贡＝龙羊峡。

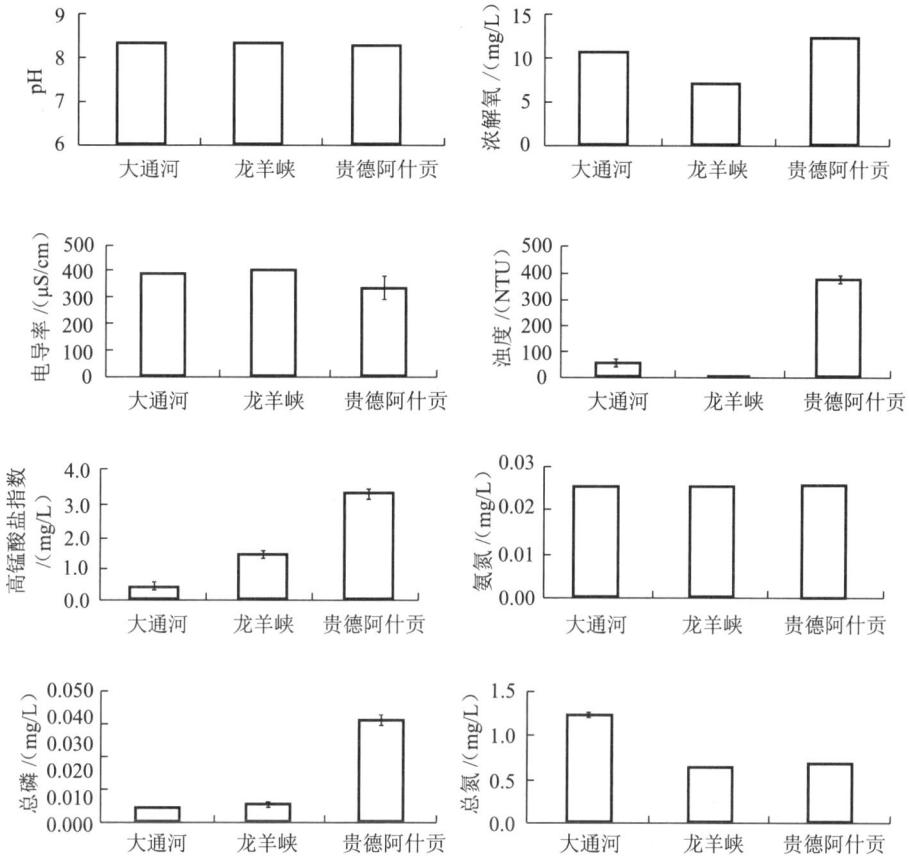

图 1-2 黄河青海流域大通河、龙羊峡、贵德阿什贡水质分析

4.6 水质评价

根据《GB 3838—2002 地表水环境质量标准》，采用水体溶解氧、高锰酸盐指数、氨氮、总磷、总氮含量单一指标，分别评价黄河青海流域大通河、龙羊峡、贵德阿什贡河流和湖泊水质（表 1-4）。

大通河水体溶解氧、高锰酸盐指数、氨氮、总磷单一指标评价均为Ⅰ类水，总磷评价为Ⅲ类水；龙羊峡水体高锰酸盐指数、氨氮、总磷单一指标评价均为Ⅰ类水，溶解氧评价为Ⅱ类水，总磷评价为Ⅲ类水；贵德阿什贡水体溶解氧、氨氮单一指标评价均为Ⅰ类水,高锰酸盐指数、总磷评价均为Ⅱ类水,总氮评价为Ⅳ类水。

表 1-4　黄河青海流域大通河、龙羊峡、贵德阿什贡水质评价

指标	大通河	龙羊峡	贵德阿什贡
溶解氧	Ⅰ类水	Ⅱ类水	Ⅰ类水
高锰酸盐指数	Ⅰ类水	Ⅰ类水	Ⅱ类水
氨氮	Ⅰ类水	Ⅰ类水	Ⅰ类水
总磷	Ⅰ类水	Ⅰ类水	Ⅱ类水
总氮	Ⅲ类水	Ⅲ类水	Ⅳ类水

5　研学体会

5.1　贵德阿什贡

位于青海省海南藏族自治州的贵德阿什贡,有着丰富的自然风光和深厚的历史底蕴,让我在这次旅行中感受到了前所未有的宁静与和谐。

贵德阿什贡是黄河上游的一片湿地,被誉为"黄河之肾"。在这里,你可以看到壮丽的黄河穿城而过,河岸两侧绿树成荫,鸟语花香。我站在河边,看着波光粼粼的河水,听着远处传来的鸟鸣,仿佛置身于人间仙境。

游览阿什贡的过程中,我还有幸参观了附近的藏族村落。这些村落保存了古老的藏族文化和传统生活方式,让我深感震撼。我被村民们的热情好客所感动,他们邀请我品尝了地道的藏族美食,让我深深体验到了藏族同胞的热情和友善。

阿什贡的美丽不仅仅在于它的自然风光和人文景观,更在于它的历史底蕴。这里是古丝绸之路的重要节点,也是唐蕃古道的重要组成部分。我沿着古道行走,看到了沿途遗留下来的古迹和遗址,仿佛有历史的声音在我耳边回荡。

阿什贡的美,是那种让人心灵得到净化的美。在这里,我感受到了大自然的鬼斧神工,也感受到了人类文化的深厚。这次旅行让我深刻体验到了生活的美好,也让我对生活有了更深的理解。我想,这就是旅行的魅力吧。它可以让我们看到不同的风景,体验不同的文化,也可以让我们找到内心的平静和宁静。我希望在未来的日子里,我可以继续这样的旅行,去寻找更多的美好和惊喜。

贵德阿什贡是我一生中最难忘的旅行之一。这里的美景和人文让我深深地感动,也让我对生活有了更深的理解和感悟。我相信,每一个来到这里的人,都会被阿什贡的美丽和魅力所吸引,都会在这里找到属于自己的那份宁静和和谐。

5.2 龙羊峡

在遥远的西北边陲,有一处名为龙羊峡的地方。这里,青山绿水、奇峰异石,仿佛是大自然精心雕琢的一幅壮美画卷。而我,有幸踏上这片神秘的土地,领略了龙羊峡的美丽与传奇。

龙羊峡位于青海省果洛藏族自治州玛沁县境内,是黄河上游的一段峡谷。这里地势险峻,河流湍急,自古以来就是交通要道和兵家必争之地。传说,龙羊峡的名字来源于一条神龙和一只神羊。它们在这里为了争夺领地展开了一场激战,最后神龙战胜了神羊。此地因此而得名"龙羊峡"。

一进入龙羊峡,我便被眼前的景色所震撼。峡谷两侧的山峰高耸入云,峭壁陡峭,犹如刀削斧劈。河水从峡谷中奔腾而过,激起层层浪花,发出震耳欲聋的轰鸣声。这里的河水清澈见底,两岸的植被丰富多样,绿树成荫,鸟语花香。

我沿着河边的小路漫步,感受着这份宁静与祥和。在龙羊峡的深处,有一个名为"龙潭"的地方。传说这里是神龙与神羊激战后留下的遗址。

我顺着山路来到龙潭,只见潭水碧波荡漾,四周群山环抱,景色如画。据当地藏族同胞讲,每逢农历十五,潭水便会呈现出五彩斑斓的景象,如同神龙显灵一般。

除了美丽的自然风光外,龙羊峡还有丰富的人文景观。在这里,藏族同胞依然保留着古老的信仰和生活方式。他们热情好客,乐于助人。我在游览过程中,曾受到一位藏族阿妈的热情款待。她邀请我到她家中做客,让我品尝了地道的藏族美食,还教我唱藏族歌曲。这段美好的时光,让我感受到了家的温暖。

离开龙羊峡,我站在山谷之巅,俯瞰整个峡谷。那一刻,我仿佛看到了神龙与神羊在此激战的场景,听到了河水奔腾的声音,闻到了青草的清香。

这段旅程,让我深刻体会到了大自然的神奇与美丽,也让我更加珍惜这片神奇的土地。

如今,龙羊峡已经成为国内外游客向往的旅游胜地。我相信,随着旅游业的发展,越来越多的人会来到这里,领略龙羊峡的美丽与传奇。而我,也会带着这份美好的回忆,期待着下一次与龙羊峡的相遇。

5.3 土族故土园

元末明初,我国出现了土族的记载。后来土族成为我国五十六个民族之一,与汉族是不可分割的。我有幸来到青海土族故土园参观,感受来自土族人的

11

热情。

美中不足的是当天下起了小雨,但根本无法驱散我们的热情。土族故土园的大门是由红和蓝混杂着绿形成的,各种艳丽的颜色杂糅在一起,从远处望去如一道亮丽的风景线,可见土族人民的丰富想象力与创造力。门口两个土族姑娘迎接我们进去。门匾上写着"厚德载物"四个大字,体现了当地人民的德行美好、上善若水的品质。

进门绕过群树,有一片池塘,池上立着一块石头,上刻着"中国土族"四个字。那边的房屋大多是石瓦房,石瓦房最初起源于我国南方等地区,经过唐朝与元朝的进一步完善,到现在已经是一种漂亮且很有特色的建筑了。瓦房的墙壁是由石头与砖块砌成,房顶由瓦片搭建而成,一根巨大的梁纵贯全屋,场面异常壮观。

园内也有着大量的木头房,房檐的支撑木上贴有对联,还挂着红灯笼,以及本地人亲手制作的纸灯笼。一根根木条整齐地摆放着,很少使用钉子等来固定或拼接,现在被称为鲁班结构,体现了中国人民智慧的结晶。

绕过房屋,穿过了一个有点破损的石门,我来到了土族博物馆。我迫不及待地走进去,映入眼帘的是一张桌子,周围墙壁上挂着许多画。走近一看,画上都是我国历代领导与土族人民亲切相见的画面。最令我难忘的一幅是习近平总书记坐在椅子上,周围坐着许多土族人,一个个衣着华丽,他们有说有笑。看着这种温馨和谐的画面,我感动极了。接着我去了下一个房间。在大玻璃柜中,摆放了许多土族人民经常用的工具与装饰品。其中,盘绣衣领是我国的非物质文化遗产。其上的花纹极为精细,以黑色布做底料,再用各种颜色的丝线(一般都是七种颜色)进行绣制。我们看后不得不佩服土族人的心灵手巧。

如果你还是无法领略到土族人的细心与手巧,那么,下面介绍几种布条。一种是上面封顶,下面开衩的。这种布条以黑色和红色为主,其上用粉、黄、绿等颜色的丝线缝出了花纹,下方又用金黄色线条做成流苏。这种图案寓意着美好,布条上的花纹像春天百花齐放的样子,代表生机与活力。另一种布条上用红线缝出了四种不同的花,姹紫嫣红地,和上一种布条相比,这种布条要大了许多。看到这,我们对土族人民又增加几分佩服。正当我好奇他们是用怎样的布做出来这么美丽的花纹时,旁边展出了他们做盘绣的过程。只见一个人用木棒在捶打一堆麻线。这种麻线捶打之前是"生"的,捶打后即是"熟"的;第二步将捶打好的麻线装入碗中,再掺上一种我叫不出名字的混合液;下一步就是将混合好的麻制成刚才看到的黑色皮革,作为底色,在这一步时,我无法想象他们是如何将一堆乱草制成美丽的皮革的。在裁剪好的皮革上绘制好花纹后就到了最关键的一步，用针在皮革上面刺绣，如果这一步做错了，那么他们就要"从头再来"。

当时他们那边交通经济不发达，很少会有汽车，当地人普遍会乘坐马车。马车的历史可以追溯到最早的原始部落时期，当时人们制造出的马车也极简陋。现在，土族人依然使用马车来载人或运货。他们选择坐马车也有一个原因，马车本身就带有优雅与诗意，很符合他们的生活情操。他们使用有标志性特色的刺绣来装饰马匹。

互助土族自治县地处青藏高原与黄土高原的结合部，海拔较高，全年光照时间长，降水稀少，气候干燥，很适宜青稞生产。青稞是当地人的主要粮食，人们会将青稞做成青稞面，然后做成青稞饼。当然，做成面条也是无与伦比的美食。青稞酒作为这里的特产可以说是名扬海内外。为了更多地了解青稞酒，我去了当地的青稞酒酿造场，虽然这个酿造场已不再生产，可它寄托了人们对酒的喜爱与怀念。

越是美味的酒工艺越是复杂。青稞酒讲究一个"清"字，也就是不浑浊。青稞必须是刚收获的新鲜青稞，然后工人们将青稞去皮，检查青稞是否有杂质、霉烂。绕过一个石柱，我看到一个工人扶着一个瓷罐对里面的青稞酒进行发酵处理。他们进行发酵遵循一个原则，大体是这么说的——"养大楂，保二楂，挤三楂，追回糟"四步，看似容易，其实是他们百年的经验积累下来的。酿好的酒清亮、透明，具有独特的风味。

绕过酒坛，只见一个土族姑娘在卖酒，这酒叫"摔碗酒"。而令我吃惊的是，那人背后的空地上全是薄碗片，场面很壮观。导游为我们讲解了摔碗酒的来历：相传，巴蔓子将军的国内有难，请楚军来解围，楚国解救成功后问巴蔓子索要三座城池。在酒桌上，巴蔓子为了维护领土完整，将碗中酒喝干，并将碗摔碎，然后拔剑自刎。这种牺牲自己、保卫国土的大无畏精神值得歌颂，后人就以喝干酒后摔碗来纪念他。到了土族这里，摔碗的意义有所改变，人们喝完酒后摔碎碗体现了他们的豪气与洒脱，也寓意"碎碎（岁岁）平安"，总之都是带有美好的寓意。但他们也有规定，如果碗没摔碎，就罚他三杯。

下面要说的又是一个具有代表性的物件——土族"纳顿"面具。面具在土族语中称为"面古子"，是一种在土族的仪式舞蹈时所用的有一定内涵的道具。这次我们所看到的展出的面具是《纳顿》节目中所使用的。其中有一个面具造型独特，主体是红色的鬼神，张着嘴，露出白色牙齿，头顶上长着三只眼睛，怒目圆睁，让人感觉很愤怒的样子。头顶上分别顶着五个造型夸张的白色的骷髅头，体现了当地人豪放、洒脱之情。这些面具也让我们对土族人的生活有了更深入的了解。

走出房间,迎面来到一座楼前,牌子上四个大字"土司招婿"。楼是双层的,一楼两侧有两个红纸板,纸板以红色打底,以赤、橙、黄、绿、青、蓝、紫绘制出了一朵大花。整栋楼色彩艳丽,既有中国古代文化特点,又有土族人独特的人情色彩。

在土族,结婚是人生大事,需遵循土族自己的传统仪式和礼仪。单从服饰来讲,新娘全身花花绿绿的衣服全是由她的"阿涅"(土族人对母亲的称呼)所缝制而成的。

土族的非物质文化遗产是相当多的,除了青稞酒与民族服饰外,剪纸是土族人生活中不可或缺的一部分。不管是哪里的剪纸大多以红纸为材料,红色寓意幸福美满。仔细观察会发现,每一个房间几乎都有剪纸作品,这为屋子增添了活力。

在土族故土园内还坐落着彩虹部落土族园。这个公园是以土族的民俗文化为主,在游览完其他景点后再到这里看一看,会有很大收获。在古时候,土族的祖先过着游牧生活,他们与弓箭和马匹已成为朋友,他们的箭术与马术极为精彩。土司在土族拥有重要的地位。如今我们见到的土司府已有560多年的历史。土司府为四进院,所谓的四进表示四个区域,更简单点可以理解为四个干不同事情的地方。首先第一院是司衙门,这没什么特别的,只不过是个大门。第二院有大大小小的房间,是供管家与师爷居住的。第三个是土司和他的直系家人住的地方。最后一个院就是后花园了。不得不说,土司当时是非常富有的,一座四进院竟包含了审案、断案、招亲以及舞蹈表演的地方。

游览完所有景点后就到了离别的时候了,我怀着不舍之情告别了这个带着民族风情的地方,如果有机会,我还会来的。

5.4 青海湖

青海湖,那片神秘而又壮丽的高原明珠,长久以来一直萦绕在我的心头。它的名字如同一个遥远的呼唤,吸引着我踏上这片充满魅力的土地,踏上了前往青海湖的征程。这不仅是一次旅行,更是一次心灵的探索与洗礼。

在前往青海湖之前,我做了充分的准备工作。首先,我查阅了大量关于青海湖的资料,了解了它的地理位置、气候特点、历史文化以及周边的景点。青海湖位于青藏高原东北部,是中国最大的内陆湖和咸水湖,海拔 3196 m,气候多变,昼夜温差大。因此,我准备了足够的保暖衣物、防晒用品以及应对高原反应的药物。

汽车在蜿蜒的山路上行驶,窗外的景色不断变化。我看到了连绵起伏的山脉、广袤无垠的草原以及奔腾不息的河流。随着汽车的不断前行,我的心情也越来越激动。我知道,我即将到达梦寐以求的青海湖。

当汽车终于驶近青海湖时,我被眼前的美景深深地震撼了。那是一片一望无际的蓝色湖水,在阳光的照耀下闪烁着耀眼的光芒。湖水与天空相连,仿佛是一幅巨大的画卷。湖边是一片片金黄色的油菜花,它们在微风中轻轻摇曳,仿佛是在欢迎我的到来。

我迫不及待地跳下汽车,奔向湖边。站在湖边时,我感受到了一股强大的力量。那是大自然的力量,它让我感到自己的渺小和微不足道。闭上眼睛,深深地吸一口气,我感受着湖水的气息和微风的吹拂。那一刻,我仿佛与大自然融为一体。我沿着湖边漫步,欣赏着青海湖的美景。湖水清澈见底,可以看到湖底的沙石和游动的小鱼。湖边有一些牧民在放牧,他们的牛羊在草原上悠闲地吃草。我走上前去,与牧民交谈,了解他们的生活和文化。牧民非常热情好客,邀请我品尝了他们的酥油茶和青稞饼,让我感受到了青海人民的淳朴和善良。

青海湖拥有着极其广阔的湖面,那种一眼望不到边际的浩瀚感是许多湖泊难以企及的。湖水呈现出一种深邃而醉人的蓝色,这并非普通湖泊常见的那种单一色调的蓝。它的蓝色会随着天气、光线和时间的变化而变幻莫测。在阳光明媚的日子里,湖水闪耀着如同蓝宝石般璀璨的光芒,波光粼粼,仿佛是无数颗星星坠落其中;而当阴天或傍晚时分,湖水又会变得暗沉而神秘,仿佛隐藏着无尽的故事等待人们去探寻。水质的纯净度也是其独特之处。由于地处高原,周围人类活动相对较少,没有过多的工业污染和生活污水排入,湖水清澈见底。站在湖边,你可以清晰地看到湖底的沙石和游动的小鱼小虾。

青海湖四周被雄伟的山脉环绕,这些山脉常年被积雪覆盖,与蓝天白云相互映衬,构成了一幅壮美绝伦的画卷。比如祁连山的支脉延伸至湖边,山上的冰川和雪峰在阳光照耀下闪烁着银色的光芒,给人一种冷峻而圣洁的感觉。这些山脉不仅是青海湖的天然屏障,更为其增添了一份雄浑的气势。青海湖与山脉的紧密结合,形成了一种强烈的视觉冲击,仿佛是大自然精心打造的一件巨型艺术品。

青海湖周边是一望无际的草原,这些草原不同于内蒙古广袤平坦的草原,也有别于其他地区的小型草甸。青海湖草原具有一种原生态的美感,青草生长得十分茂盛,其间点缀着五颜六色的野花,如黄色的金盏花、紫色的龙胆花、白色的银莲花,它们在不同的季节里竞相绽放,为草原增添了绚丽的色彩。草原上还生活着许多珍稀的野生动物,如藏羚羊、普氏原羚、黑颈鹤。当你漫步在草原上时,说不定就能偶遇这些可爱的生灵。

青海湖所处的高原地区气候独特,昼夜温差极大。白天,在强烈的阳光照射下,气温可以迅速升高,让人感受到温暖甚至炎热;然而,一旦太阳落山,气温会急剧下降,寒冷的气息迅速袭来,夜晚的温度常常能降至0℃以下。这种巨大的温差使得人们在一天之内仿佛经历了两个完全相反的季节,也为青海湖的景色增添了一份神秘的色彩。由于海拔较高,空气稀薄,太阳辐射强烈,天空中的云彩也呈现出与其他地方不同的形态和质感。云彩常常低垂在半空,仿佛触手可及,而且形态变化万千,有时像棉花糖一样蓬松柔软,有时又像巨龙一般蜿蜒盘旋。风也是青海湖的一大特色。由于湖面广阔,没有遮挡物,风在这里可以自由地驰骋。强风刮起时,湖水会掀起层层巨浪,波涛汹涌,如同大海一般壮观。

青海湖是藏族同胞心中的圣湖,有着丰富的藏族文化底蕴。在湖畔可以看到许多五彩斑斓的经幡随风飘扬,这些经幡上印有佛经和鸟兽图案。藏族同胞会定期在湖边举行盛大的祭祀活动,他们身着传统的藏族服饰,载歌载舞,场面十分热闹。湖边还有许多藏族特色的建筑,如玛尼堆和寺庙。玛尼堆由一块块刻有经文的石头堆砌而成,人们路过时会顺时针绕着玛尼堆转一圈,同时口中念念有词,表达对神灵的敬畏和祈求。寺庙建筑则庄严肃穆,寺庙内供奉着各种佛像和宗教文物,弥漫着浓郁的香火气息。这些文化元素与青海湖的自然景观相互融合,形成了一种独特的人文景观。藏族同胞的生活方式也为青海湖增添了独特的魅力。他们在草原上放牧,骑着骏马驰骋,过着自由自在的生活。他们的传统手工艺品,如唐卡、藏毯,展示了精湛的技艺和独特的艺术风格。游客来到青海湖,不仅可以欣赏到美丽的自然风光,还能亲身体验藏族文化的魅力。

青海湖是大自然遗落在人间的璀璨明珠,闪耀着无与伦比的光芒。湖水宛如一面巨大的蓝宝石镜子,静静地躺在高原之上,映照着天空的湛蓝与云朵的洁白。那纯净而深邃的蓝色,仿佛是宇宙的眼眸,深邃而神秘,吸引着人们去探寻其中的奥秘。愿青海湖的美丽永远流传下去,让世世代代的人们都能欣赏到它的独特风采。

5.5 大柴旦翡翠湖

在繁华的城市生活中,我们常常忘记了大自然的美丽。然而,当我们真正走进大自然,才会发现它的神奇和美丽。这次,我有幸走进了翡翠湖,那里的风景如诗如画,让我流连忘返。

翡翠湖位于我国西部的一个小镇上,名字虽然普通,它的美丽却是无法用言语来形容。湖水清澈透明,像一块巨大的翡翠镶嵌在群山之间,给人一种宁静而神秘的感觉。湖面平静如镜,倒映着蓝天白云和周围的山峦,仿佛是一幅天然的水墨画。

湖水的颜色变化无常,从深绿色到淡绿色,再到透明的蓝色,像是大自然的调色盘。我在湖边漫步,感受着大自然的宁静和美丽。湖水轻轻地拍打着湖岸,发出悠扬的声音,像是在诉说着古老的故事。湖边的树木郁郁葱葱,鸟儿在枝头欢快地歌唱,一切都显得那么和谐而美好。我坐在湖边,静静地看着湖面的波光粼粼,心中充满了宁静和喜悦。翡翠湖的美不仅仅在于它的湖水和树木,更在于它周围的人。湖边的小镇人们热情好客,他们热爱这片土地,热爱这片湖水。他们用最简单的方式生活,与大自然和谐共处,让人感到无比的羡慕和向往。

我在这里度过了一个美好的白天,充满了新鲜和惊喜。

我喜欢清晨的翡翠湖,阳光洒在湖面上,湖水闪烁着金色的光芒。

我喜欢傍晚的翡翠湖,夕阳染红了天空,湖水变成了深深的红色。

我喜欢夜晚的翡翠湖,月光洒在湖面上,湖水像一面镜子映照着星星和月亮。

离开翡翠湖的时候,我依依不舍。我知道,我会想念这里的湖水、树木和人们。我会想念这里的宁静和美丽,想念这里的一切。我希望有一天,我能再次来到这里,再次感受翡翠湖的美丽和魅力。

翡翠湖的游记就这样结束了,但我知道,我的记忆中,翡翠湖的美丽永远不会消失。我会带着这段美好的记忆,继续我的生活旅程。

5.6 祁连卓尔山

在我心中,一直有一个梦想,那就是走遍中国的每一个角落,感受大自然的鬼斧神工,体验各地的文化风情。这次,我选择了青海,这个被誉为"青藏高原的明珠"的地方。而在我的行程中,最让我难以忘怀的,就是那位于青海省祁连县的卓尔山。

卓尔山,一个听起来就充满神秘色彩的名字。它是祁连山脉的一部分,海拔4200 m,是祁连山脉的主峰之一。

站在山顶,你可以看到连绵起伏的群山,看到云雾缭绕的山谷,看到绿草如茵的草原,看到牛羊成群的牧野。这一切的一切,都让人感到无比的震撼。

我记得那是一个阳光明媚的日子,站在山脚下,我抬头看去,只见重峦叠嶂,仿佛一座天然的屏障,将天地分割开来。我深吸一口气,开始了攀登。

沿途,我看到了许多奇特的景象。山峰形状奇特,有的像是一头雄狮,有的像是一座城堡,还有的就像是一朵朵云彩。这些景象让我感到惊奇不已。当登上山顶的时候,我感到了前所未有的轻松和愉快。

站在山顶上,我感到自己仿佛融入了大自然,成为大自然的一部分。我看到了远处的雪山,那是祁连山脉的主峰——祁连山。我看到了它那巍峨的身影,看到了它那白雪皑皑的山顶,感到了它的威严和庄重。

在卓尔山上,我还遇到了许多有趣的人。他们有的是来自远方的游客,有的是当地的藏族牧民。我们一起分享了各自的故事,一起欣赏了卓尔山的美景。这些人和他们的故事,让我感到非常的温暖和感动。

卓尔山的美,是那种深深的、内敛的美。它没有大海的浩渺,没有沙漠的热烈,没有城市的繁华。它的美,是一种深沉、沉静的美;它的美,是一种让人心灵得到洗涤的美。

在卓尔山上,我感受到了大自然的伟大和神奇。我看到了大自然的力量,看到了大自然的美丽,看到了大自然的魅力。我感到了自己的渺小,但同时也感到了自己的坚强和勇敢。

卓尔山之行,是我生命中的一次重要的旅程。它让我看到了大自然的美,感受到了生活的美好。我会珍藏这次旅程的记忆,会把这份美好带回我的生活中,让自己的生活因此而变得更加美好。

第二章　黄河四川流域生态研学

文化基础 / 人文底蕴 / 人文情怀

文化基础 / 科学精神 / 勇于探索

社会参与 / 责任担当 / 社会责任

社会参与 / 实践创新 / 问题解决

学习方式

查阅信息、交流访问、野外调查、讨论与展示

研学五问

1. 如何在给定的生态研学项目中开展一项个性化创新课题研究?

2. 如何完善这一项个性化创新课题?

3. 开展这一项个性化创新课题需要做哪些准备?

4. 你打算如何展示该项创新课题成果?

5. 你有什么收获和体会?

研究目的:组织实施黄河四川流域生态研学,开展土壤和水体调查研究,科学评价,为黄河四川流域土壤保护提供依据。

研究方法:以若尔盖草原、花湖景区、黄河九曲第一湾景区为实验组,以九寨沟景区、黄龙景区为对照组,随机挖取表层土样约 1 kg 封袋,带回实验室检测 7 种养分指标和 10 种重金属指标,分析评价土壤养分和重金属含量。

调查结果:(1) 土壤 pH:7.38 ~ 8.31;有机质:24.3 ~ 302.0 g/kg;全氮:1.47 ~ 11.40 g/kg;全磷:0.16 ~ 1.44 g/kg;全钾:5.60 ~ 14.60 g/kg;水解性氮:116.00 ~ 937.00 mg/kg;有效磷:20.0 ~ 43.9 mg/kg;速效钾:24.3 ~ 226.0 mg/kg。(2) 土壤砷含量:8.09 ~ 23.20 mg/kg;镉:0.06 ~ 0.44 mg/kg;铅:10.6 ~ 48.8 mg/kg;汞:0.04 ~ 0.37 mg/kg;铜:12 ~ 22 mg/kg;镍:17 ~ 37 mg/kg;锌:54 ~ 90 mg/kg;铬:52 ~ 90 mg/kg;钒:31.2 ~ 81.1 mg/kg;钼:0.53 ~ 14.60 mg/kg。

研究结论:(1) 若尔盖草原土壤有机质、全氮、水解性氮、有效磷养分等级优;花湖有机质、全氮、全磷、水解性氮、有效磷养分等级优,全钾养分等级差;黄河第一湾土壤有效磷养分等级优,全磷、速效钾养分等级差;九寨沟土壤有机质、全氮、水解性氮、有效磷养分等级优,全磷养分等级差;黄龙土壤有机质、全氮、水解性氮、有效磷、速效钾养分等级优,全磷养分等级差。综合评价:黄龙>花湖>若尔盖草原>九寨沟>黄河第一湾。(2) 土壤重金属含量不超标,无污染风险。

1　项目背景

在沿黄河分布的 9 省(区)中,四川省黄河流域面积 1.87 万 km²,占黄河流域总面积的 2.4%;黄河干流四川段长度 174 km,占黄河干流总长度的 3.18%。四川省黄河流域内地势起伏和缓,河谷宽浅,水草丰茂,草甸丛生,是黄河水源主要补给地之一。这也让四川成为"中华水塔"的重要组成部分,成为黄河流域生态保护和高质量发展战略中极其重要的一环(邵明亮,2021,2023)。

2023 年 7 月 25 日至 27 日,习近平总书记在四川考察时指出:"四川是长江上游重要的水源涵养地、黄河上游重要的水源补给区,也是全球生物多样性保护重点地区,要把生态文明建设这篇大文章做好。"

2　项目研究意义

本研究团队在 2022 年 7 月、2023 年 6 月和 2024 年 7 月,三次赴黄河四川流域开展调查(图 2-1),在 2023 年 6 月采集土样,据此评价生态保护与高质量发展。

图 2-1　2022—2024 年黄河四川流域调查合影

图 2-1（续） 2022—2024 年黄河四川流域调查合影

3 调查方法及过程

3.1 研究区域

花湖景区，位于四川省阿坝藏族羌族自治州若尔盖县，地处若尔盖湿地，核心区面积约 6.7 km²，是若尔盖国家级自然保护区的"实验区"、全国最大的黑颈鹤栖息地，每年为黄河补水达 44 亿 m³，是名副其实的黄河天然"蓄水池"，现为国家级自然保护区、国家 4A 级旅游景区。

黄河九曲第一湾景区，位于四川省阿坝藏族羌族自治州若尔盖县唐克乡，地处若尔盖湿地，海拔高度 3600 m，原生态的河曲及草甸资源保存良好，生态系统结构完整，动植物类型丰富，是我国高原湿地生物多样性聚集地。2018 中国黄河旅游大会上，九曲第一湾景区被评为"中国黄河 50 景"，现为国家级自然保护区、国家 4A 级旅游景区（郭人豪，2013）。

九寨沟景区，位于四川省阿坝藏族羌族自治州九寨沟县，地处岷山南段弓杠岭东北侧,系长江水系嘉陵江上游白水江源头一条大支沟,地势南高北低,山谷深切,海拔 2000 ~ 4500 m,主沟长约 30 km,是中国第一个以保护自然风景为主要目的的自然保护区,现为国家重点风景名胜区、世界自然遗产、国家 5A 级旅游景区、国家级自然保护区、国家地质公园、世界生物圈保护区网络(章锦河等,2005;黄玉林等,2024)。

黄龙景区,位于四川省阿坝藏族羌族自治州松潘县,面积 700 km²,是中国唯一保护完好的高原湿地,海拔 1700 ~ 5588 m,主要景观集中于长约 3.6 km 的黄龙沟。沟内遍布碳酸钙华沉积,呈梯田状排列,以丰富动植物资源享誉人间,生存着许多濒临灭绝动物,包括大熊猫和四川疣鼻金丝猴,现为国家重点风景名胜区、世界自然遗产、世界人与生物圈保护区、国家 5A 级旅游景区(刘再华等,2003;许晓青等,2024)。

3.2 研究方法

实验室分析测定土壤 pH、有机质、全氮、全磷、全钾、水解性氮、有效磷、速效钾含量以及重金属含量。土壤有机质依据《LY/T 1237—1999 森林土壤有机质的测定及碳氮比的计算》,采用滴定法测定;全氮和水解性氮依据《LY/T 1228—2015 森林土壤氮的测定》,采用凯氏定氮法和滴定法测定;全磷和有效磷依据《LY/T 1232—2015 森林土壤磷的测定》,采用碱熔－钼锑抗分光光度法和比色法测定;全钾和速效钾依据《LY/T 1234—2015 森林土壤钾的测定》,采用原子吸收分光光度法测定。本次检测由青岛衡立检测研究院完成。

4　调查结果

4.1 土壤养分差异

检测分析黄河四川流域若尔盖草原景区、花湖景区、黄河第一湾景区、九寨沟景区、黄龙景区 7 种土壤养分指标有机质、全氮、全磷、全钾、水解性氮、有效磷和速效钾含量差异(表 2-1)。

土壤有机质、全氮含量:花湖＞黄龙＞九寨沟＞若尔盖草原＞黄河第一湾;土壤全磷含量:花湖＞若尔盖草原＞黄龙＞黄河第一湾＞九寨沟;土壤全钾含量:九寨沟＞若尔盖草原＞黄河第一湾＞黄龙＞花湖;土壤水解性氮含量:花湖＞黄龙＞若尔盖草原＞九寨沟＞黄河第一湾;土壤有效磷含量:黄龙＞花湖＞

九寨沟＞若尔盖草原＞黄河第一湾;土壤速效钾含量:黄龙＞若尔盖草原＞九寨
沟＞花湖＞黄河第一湾。

表2-1　黄河四川流域若尔盖草原、花湖、黄河第一湾、九寨沟、黄龙景区土壤养分

指标	实验组			对照组	
	若尔盖草原	花湖	黄河第一湾	九寨沟	黄龙
pH	8.31	7.38	7.69	7.80	7.92
有机质	51.00	302.00	24.30	105.00	226.00
全氮	2.94	11.40	1.47	4.57	7.95
全磷	0.59	1.44	0.19	0.16	0.30
全钾	13.20	5.60	11.90	14.60	10.70
水解性氮	208.00	937.00	116.00	168.00	741.00
有效磷	23.00	26.10	20.00	24.70	43.90
速效钾	146.00	87.60	24.30	131.00	226.00

注:有机质、全氮、全磷、全钾单位均为 g/kg;水解性氮、有效磷、速效钾单位均为 mg/kg。

4.2　土壤养分评价

依据《第二次全国土壤普查技术规程》土壤养分分级标准,采用土壤有机
质、全氮、全磷、全钾、水解性氮、有效磷和速效钾 7 种养分指标,分别评价黄河四
川流域若尔盖草原景区、花湖景区、黄河第一湾景区、九寨沟景区、黄龙景区土壤
养分等级(表2-2)。

表2-2　黄河四川流域若尔盖草原、花湖、黄河第一湾、九寨沟、黄龙景区土壤养分等级

指标	实验组			对照组	
	若尔盖草原	花湖	黄河第一湾	九寨沟	黄龙
有机质	1级	1级	3级	1级	1级
全氮	1级	1级	3级	1级	1级
全磷	4级	1级	6级	6级	5级
全钾	4级	5级	4级	4级	4级
水解性氮	1级	1级	3级	1级	1级
有效磷	2级	2级	2级	2级	1级
速效钾	3级	4级	6级	3级	1级

若尔盖草原土壤有机质、全氮、水解性氮、有效磷养分等级优;花湖有机质、
全氮、全磷、水解性氮、有效磷养分等级优,全钾养分等级差;黄河第一湾土壤有

效磷养分等级优,全磷、速效钾养分等级差;九寨沟土壤有机质、全氮、水解性氮、有效磷养分等级优,全磷养分等级差;黄龙土壤有机质、全氮、水解性氮、有效磷、速效钾养分等级优,全磷养分等级差。综合评价:黄龙>花湖>若尔盖草原>九寨沟>黄河第一湾。

4.3　土壤重金属差异

检测分析黄河四川流域若尔盖草原景区、花湖景区、黄河第一湾景区、九寨沟景区、黄龙景区土壤重金属铬、钼、镍、锌、镉、铅、铜、钒、砷、汞含量差异(表2-3)。

表2-3　黄河四川流域若尔盖草原、花湖、黄河第一湾、九寨沟、黄龙景区土壤重金属

（单位:mg/kg）

指标	实验组			对照组	
	若尔盖草原	花湖	黄河第一湾	九寨沟	黄龙
砷	13.80	18.80	8.09	23.20	18.60
镉	0.10	0.11	0.06	0.28	0.44
铅	14.20	10.60	14.90	48.80	28.10
汞	0.04	0.06	0.08	0.37	0.19
铜	20.00	22.00	12.00	22.00	21.00
镍	28.00	17.00	23.00	37.00	29.00
锌	70.00	69.00	54.00	78.00	90.00
铬	82.00	62.00	52.00	90.00	65.00
钒	55.20	31.20	47.40	81.10	69.40
钼	0.70	0.53	14.60	0.69	1.99

土壤砷含量:九寨沟>花湖>黄龙>若尔盖草原>黄河第一湾;土壤镉含量:黄龙>九寨沟>花湖>若尔盖草原>黄河第一湾;土壤铅含量:九寨沟>黄龙>黄河第一湾>若尔盖草原>花湖;土壤汞含量:九寨沟>黄龙>黄河第一湾>花湖>若尔盖草原;土壤铜含量:花湖=九寨沟>黄龙>若尔盖草原>黄河第一湾;土壤镍含量:九寨沟>黄龙>若尔盖草原>黄河第一湾>花湖;土壤锌含量:黄龙>九寨沟>若尔盖草原>花湖>黄河第一湾;土壤铬含量:九寨沟>若尔盖草原>黄龙>花湖>黄河第一湾;土壤钒含量:九寨沟>黄龙>若尔盖草原>黄河第一湾>花湖;土壤钼含量:黄河第一湾>黄龙>若尔盖草原>九寨沟>花湖。

4.4 土壤重金属评价

依据土壤环境质量土壤污染风险管控标准,采用土壤镉、铬、汞、镍、铅、砷、锌7种重金属指标,分别评价黄河四川流域若尔盖草原景区、花湖景区、黄河第一湾景区、九寨沟景区、黄龙景区土壤污染风险,显示全部正常,不超标,无风险。

5 研学体会

5.1 若尔盖草原

早上我们从川主寺出发,出发前去了酒店对面的马师傅牛肉面馆吃早餐,拉面劲道,面汤汤清味浓,点缀上青翠的小葱和红红的辣椒,味道十分鲜美。

吃过早饭我们离开川主寺,奔向若尔盖大草原,大巴车开得很平稳,车窗两侧的高楼逐渐减少,随后矮层建筑也逐渐减少,随着观光车逐步进入大草原,人类社会的痕迹逐渐消失,扑面而来的是随着山势绵延不绝的绿色草原。

途经高耸入云的雪山,它们在晨光下闪烁的银白色,仿佛与天空相融。山峰上的积雪闪烁着阳光的光芒,远远望去,仿佛是一个个银白色的巨人守护着这片土地。河流自山间奔流而出,流经山谷,如丝带般蜿蜒流淌,清澈见底,鱼儿在水中嬉戏。沿途的山谷两旁是一片片郁郁葱葱的绿色植被,山间弥漫着清新的空气,使人心旷神怡。铺天盖地的绿色扑面而来,如同天上哪个神仙打翻了绿色的染料罐子,将绿色尽情洒向人间。我在山东长大,从来没见过如此夸张、如此铺天盖地的一片绿,绿得肆意妄为,天地间其他的颜色仿佛都被抹去了,只剩下深绿、墨绿和翠绿。

山东临沂有蒙山国家森林公园,夏季到来也是满山遍野郁郁葱葱,但是若尔盖的绿色与蒙山国家森林公园的绿色不同。若尔盖大草原海拔较高,约为3500 m,这个海拔高度上温度较低、降水稍少,树木无法生长,因此随着山势蔓延,全是地毯式绿绿的草原。蒙山上的树木大多只有树叶是绿色的,棕色的枝干掺杂其中;而若尔盖草原则不同,只有草叶的浅绿、深绿与墨绿,几乎看不见枝干的棕色。

观光车继续在若尔盖草原穿行,渐渐地牦牛多了起来,从偶尔能看到一两只直到随处可见成群的牦牛。成群的牦牛或低头吃草或缓缓踱步,十分惬意。

导游告诉我们,这些牦牛都是当地的牧民养的。这些草场是夏季牧场,一块块的草场之间有铁丝拉的线来分隔,应该是每户牧民都有固定放牧的区域。近年来随着"绿水青山就是金山银山"的理念深入人心,退耕还林、退牧还草的理念也逐步深入。每户牧民划定固定的放牧场所,能防止无序放牧,防止草场上的牦牛数超过最大承载量,而且还有不少牧民给自己家的草场铺上黑土,促进牧草的生长。在有的地方,牧民种植了大片营养价值更高的苜蓿,苜蓿开出了大片紫色的花,点缀在无边的绿色中,显得格外好看。

这里的牧民在自己家的草场旁边搭建帐篷,帐篷都是白色的,点缀着不同的图案,有的帐篷中还有白烟从烟筒往外冒出,应该是牧民在生火做饭。若尔盖大草原上的牧民会喜欢吃什么呢?他们最喜欢吃的应该是牦牛肉吧,帐篷里一定摆着一口大锅,锅里煮着鲜嫩的牦牛肉,锅边坐着可爱的孩子等待牦牛肉煮熟,然后大快朵颐。

中午我们到达了午餐用餐地点,这个地方有着浓厚的藏族风情,房屋建筑以藏式风格为主,色彩鲜艳,雕梁画栋。我选择了一家当地的餐馆,品尝了正宗的藏式美食,有酥油茶、糌粑、牦牛肉、酸奶等。酥油茶是藏族人民的日常饮品,奶香浓郁,喝起来温暖舒服。牦牛肉鲜嫩多汁,糌粑则口感糯而香甜。

午餐过后,我们继续踏上旅程,驱车前往若尔盖大草原。车辆驶过县城,进入一片宽广的开阔地域。道路逐渐变得崎岖,周围的山峦也更加陡峭,仿佛进入了一个与世隔绝的世界。随着车辆的行驶,大草原的轮廓渐渐出现在视野中。它无边无际,仿佛一块巨大的绿色地毯铺展在眼前。草地的颜色从浅绿逐渐变成深绿,随着微风的吹拂,波光粼粼,如同起伏的海洋。阳光洒在草地上,映衬出一片金黄色的光芒,使得整个草原都散发着生机和活力。

我们停下车,迈出脚步踏上草原。脚下的草地柔软而湿润,草叶在脚下轻轻摩擦,发出细微的沙沙声。微风吹拂着脸庞,带来阵阵清凉。我深吸一口清新的空气,感受着大自然的芬芳和纯净。远处的山峦如静静守护的巨人,与天空相连,山间流淌的溪水发出潺潺的声音,仿佛在述说着大自然的奇妙。在草原上,牛羊成群,悠闲地吃着青草。牛群悠然自得地散步,发出低沉而悠长的叫声。羊群成群结队,时不时地互相追逐嬉戏。我静静地躺在草地上,目光追随着飞翔的鸟儿,它们在碧蓝的天空中划出优美的弧线。此刻,我仿佛与大自然融为一体,感受着它的宁静和力量。

若尔盖草原上还有很多蜿蜒流淌的河流,因为草原海拔较高,蒸发量小但是降雨量大,所以这些河流的水流量都十分充沛。有大大小小的牦牛在河流旁边饮水,看起来怡然自得。现在看起来物产丰富、食物充足的若尔盖草原在当年红军长征途中却是一个巨大障碍。

红军长征到达若尔盖草原后面临着巨大的缺粮问题,而且草原海拔高,在高海拔地区行军体能消耗远大于低海拔地区,缺少粮食,体能消耗得不到补充,使得很多红军战士无法走完这一段艰辛的路程。我想到了以前小学语文课本上的一篇文章《金色的鱼钩》,这篇文章里面的故事就发生在若尔盖草原。那时的草原上人烟稀少,不像现在这样有大量的牛羊,无法获得食物的红军只能靠在河流中钓鱼来获得食物,但是这些高原地区的河流,含氧量低,鱼很少,只是杯水车薪。

草原上有个加油站旁边竖了一块碑,当年有数百名红军就是在这块碑附近体力消耗殆尽,实在无法过河,最终没能走出这片草地。看完这块碑我的心情十分沉重,现在能有这么好的生活,能够坐着观光大巴在平整的公路上游览美丽的景色,这都是无数革命先烈的奋斗牺牲换来的,没有这些先烈的牺牲与付出哪里能有今天的美好生活!

我继续探索若尔盖大草原的奇妙之处。草原上有许多自然景观,其中最引人注目的是随处可见的小溪、小河。我随着导游来到河边,这里的河水清澈见底,小鱼在水中嬉戏游动,静静流淌的河水宛如一面镜子,倒映着天空和周围的山峦,倒映着山上数不清的牦牛和绵羊。小河的周围生长着各种花草。我沿着河边漫步,欣赏着湖光山色。

午后的阳光渐渐稀疏,我找了一处舒适的地方坐下,享受着大草原的宁静和恬淡。我闭上眼睛,聆听着风吹过草原的声音,感受着微风拂过脸庞的触感。河水微微泛起涟漪,我仿佛听到远处有鸟儿在叽叽喳喳地鸣叫,但极目远望又看不到鸟儿的踪影,一切都是那么和谐而安宁。渐渐地,夕阳西下,我站起身来,凝视着夕阳的余晖,它把整个草原都染成了一片温暖的金色。夕阳下,草地上的影子拉得很长,仿佛延伸到无尽的远方。我心中充满了对这片美丽草原的喜爱和感激之情,特别的若尔盖大草原将永远留在我的记忆中。

5.2 黄河第一湾

一大早,我们乘车经我国最大湿地草原——若尔盖大草原,去参观位于四川若尔盖县唐克乡以北 9 km 处的黄河第一湾。汽车在碧草连天的若尔盖草原上行进,不时有牦牛在路上悠闲行进而挡住去路。上午 10:30 左右,我们到达黄河第一湾。趁着导游去买票的功夫,我快速回想并恶补了一下有关黄河的一些知识。

黄河发源于青藏高原的巴颜喀拉山脉,全长 5464 km,为中国第二长河,仅次于长江,为世界第六长河。黄河流经青海、四川、甘肃、宁夏、内蒙古、陕西、山西、河南及山东 9 个省(自治区),最后在山东垦利注入渤海。流域面积 752443 km^2。黄河自西经过黄土高原,裹挟 $16×10^8$ t 泥沙向东奔流,其中有 $12×10^8$ t 流入大海,有 $4×10^8$ t 积淀在下游,形成了三角形冲积平原。

《诗经·魏风·伐檀》有"坎坎伐檀兮,置之河之干兮。河水清且涟猗"。这里说的河就是黄河,而且当时河水清波荡漾。时至战国,受自然环境变化的影响,黄河水质开始变浊,《左传·襄公八年》中有"俟河之清,人寿几何"的诗句。到了两汉,黄河的混沌已经深入人心,人们用"浊河"称呼黄河,《汉书·地理志》中首次出现了"黄河"。直到唐宋,"黄河"的称呼被广泛使用。东汉班固编著的《汉书·沟洫志》对"黄河"倍加推崇,认为:"中国川源以百数,莫著于四渎,而河为宗。"由此确立了黄河"四渎之宗"的地位,而民间以更接地气的"母亲河"称呼黄河。

藏语称河为曲。俗语说天下黄河九曲十八弯,这九曲就是唐代时对贵德以上黄河段的称呼。藏族人民根据黄河上游的地形、景观等,将上游诸河段取了更有特色的名称,如卡日曲、约古宗列曲、扎曲、星宿海、玛曲、析支、河曲、九曲、逢流大河等。

黄河总体呈"几"字形,九曲十八弯。黄河上游 3463 km,从源头到内蒙古托克托河口,约占干流长度的 2/3。河流穿越青藏高原,流经峡谷区,其间分布有 20 多个著名峡谷。黄河围着阿尼玛卿山,几乎拐了一个 180° 的弯,在四川省藏族羌族自治州若尔盖县唐克镇形成黄河第一大弯。今天我们要参观的正是四川、青海、甘肃三省交界处,在若尔盖县唐克乡索克藏寺院旁形成的一个著名的景点——黄河第一湾。

进入景点,看到远处有弯弯曲曲的河流,一道又一道。我们以为这些河水都是黄河水,结果导游说,此处是白河和黄河的交汇处,需要登上右边那座小山包,才能将黄河第一湾的美景尽收眼底。于是导游带领我们去乘坐上山观光电梯,到达山包顶端的巴颜喀拉观景台,此处海拔 3610 m。

我们站在山顶远看,黄河犹如哈达或是仙女的飘带自天边缓缓飘来,惬意悠闲流淌在若尔盖草原上。曲折蜿蜒的黄河在落日的余晖下会分外妖娆,仿佛"落霞与孤鹜齐飞,秋水共长天一色"。但不巧的是,今天小雨。

白河,又称嘎曲,是黄河上游的一级支流,长约 150 km,发源于红原县壤口乡与刷经寺庙之间,向北流入若尔盖草原。在黄河第一湾湾顶汇入黄河,嘎曲横切径约 400 m,形如 S。此处可以看到黄河、白河两河交汇转弯,景色壮观,有"塞外西湖"的美称。

沿着观光步行栈道逐级而下,蜿蜒而行的黄河水与茫茫原野和辽阔幽深的蓝天自然地融为一个和谐的整体。近处的藏传佛教索格藏寺、"箭矢不倒 妖魔弗出"的箭矢台、佛塔转经房等在小雨中朦朦胧胧,充满着神秘与庄重。

从观光步行栈道下来后,我们继续沿栈道前行,打算去近距离接触黄河。结果还没有走几步,就看到了若尔盖草原上肥胖的高原鼠兔。高原鼠兔是一种小型非冬眠的植食性哺乳动物,又称黑唇鼠兔,属兔形目鼠兔科。高原鼠兔身材浑圆,没有尾巴,灰褐色体色,皮毛光滑似绸缎,呈浅棕色,根部发白。它有一对小巧的圆耳朵、一双亮眼睛。尽管它是兔形目的生物,但从外表看起来非常像老鼠,所以很多时候被人们误以为是土拨鼠。

大多数鼠兔生活在青藏高原的高山草甸以及高山草原地区,尤其是高原鼠兔,它们在青藏高原地区分布最为广泛。高原鼠兔繁殖能力强,它们能够在夏天时繁殖多胎幼崽,善于挖洞以躲避天敌,而它们的洞穴能够保护其他动物,以及为其他动物提供育雏场所。高原鼠兔挖掘洞穴过程中,会将松软的泥土带到地表,可以疏松土壤,为植物种子萌发提供一定的条件。高原鼠兔挖掘的洞穴还可以涵养水源,当地降雨较多时,来不及排泄的洪水可以流入这些洞穴中。高原鼠兔在洞穴中排便,又可以为植物提供营养。

你看,近处的这只鼠兔慢腾腾地在步行栈道下面走来走去,见到行人一点儿也不紧张,好奇地朝游客望去。距离稍远的几只高原鼠兔正趴在它们的洞穴前警惕地环顾四周,不时还站立起来并发出刺耳的尖叫声以示警告。

沿步行栈道继续前行,在白河与黄河交汇之前有一个标志牌,上面写着"唐克嘎曲河红军渡口遗址:1936年7月底,红二方面军和红四方面军的大部分将士从今阿坝县的贾诺翻山到达今唐克乡索格藏村境内的姜壤渡口,并顺利地渡过嘎曲河"。

继续前行,就到了白河和黄河的交汇处。此处是黄河流经四川的唯一一段,绮丽静谧,水质清澈。黄河、白河二河在此争流,白河逶迤直达天际,黄河蜿蜒折北而逝。草连水,水连天,苍苍茫茫,似玉带似哈达,飘然而来,蜿蜒而去。远处对岸碧草青青,野花遍地,有牛羊悠闲漫步。

青藏高原腹地高耸入云的冰川脚下,水珠点点滴下,形成一曲曲涓涓溪流,慢慢汇聚成河流,出高山,入峡谷,飞流奔腾,一路咆哮,如同一条纵横驰骋的蜿蜒巨龙,昂首高歌,奔流到海。天下黄河九十九道弯,神奇的九曲黄河犹如立体大乾坤地图,形成S形或U形大弯道。

九曲黄河是中华民族的母亲河,滔滔黄河水哺育了亿万中华儿女。奔腾不息的河水负载着这个古老民族对未来的无限希冀与憧憬。千年万载,万载千年,滔天巨浪流不尽黄河儿女炽热的爱国情怀,滚滚黄沙飘荡着唱不完的黄土歌谣,九曲河滩传唱着中华民族灿烂的生命光华!

5.3 黄龙

在充满生机的6月,我怀揣着对未知世界的好奇与向往前往四川阿坝黄龙风景区。清晨的第一缕阳光透过窗帘的缝隙,温柔地唤醒了我,预示着这将是一场难忘的旅程。

清晨,我们乘坐的旅游大巴车缓缓驶出县城,向着远方的黄龙风景区进发。窗外,风景如电影胶片般一幕幕掠过:从城市到宁静的乡村,再到连绵起伏的山峦,每一次转弯都带来不同的惊喜。车内,大家兴奋地讨论着即将见到的美景,而我,则静静地望着窗外,心中充满了对自然的敬畏与向往。

随着海拔的逐渐升高,天空开始变得多云,偶尔有几滴细雨轻拂过车窗,为这趟旅程增添了几分诗意。雨后的空气格外清新,仿佛能洗净心灵的尘埃,让人心旷神怡。经过几个小时的车程,我们终于抵达了黄龙风景区的门口停车场,一场自然与文化的探索之旅就此拉开序幕。

初探:步入原始森林的怀抱。这是一片茂密的原始森林,树木高耸入云,枝叶繁茂,遮天蔽日。空气中弥漫着泥土与树叶的清新气息,让人不由自主地深呼吸,仿佛能吸入满满的负氧离子,身心都得到了极大的放松。

在这片原始森林中,我发现了许多以前只在书本上见过的植物,如西藏杓兰、黄花杓兰和无苞杓兰,它们以独特的姿态展示着大自然的鬼斧神工。此外,还有各种不知名的草本植物,它们或低矮丛生,或攀爬于树干之上,共同编织着这片森林的绿色梦想。

飞跃:索道上的壮阔视野。经过一段不算短的步行,我们终于来到了索道上站。随着缆车的缓缓上升,眼前的景象逐渐变得开阔起来。脚下是郁郁葱葱的森林,远处则是连绵起伏的山峦,云雾缭绕,宛如仙境。这一刻,我仿佛置身于一幅壮丽的山水画卷之中,所有的烦恼与疲惫都烟消云散了。

探索:黄龙风景区的奥秘。索道终点后,我们进行了一个小时的步行栈道旅行,近距离感受原始森林的神秘和厚重,之后正式踏入了黄龙风景区的核心区域。首先映入眼帘的是望龙坪,这里是观赏黄龙主峰的最佳位置。站在观景台上,我仰望着那座巍峨挺拔的山峰,心中涌起一股敬畏之情。随后,我们沿着蜿蜒的栈道,逐一探访了黄龙洞、黄龙后寺、五彩池等著名景点。

黄龙洞,一个神秘莫测的地下宫殿,洞内石笋林立,形态各异,宛如一个天然的雕塑博物馆。黄龙后寺,则是一座历史悠久的古刹,寺内香火缭绕,钟声悠扬,让人感受到一种超脱世俗的宁静与安详。而五彩池,更是黄龙风景区的精华所在,池水因矿物质沉积而呈现出五彩斑斓的颜色,美得令人心醉。

漫步:彩池群与古桥的韵味。离开五彩池后,我们继续前行,沿途经过了黄龙中寺、接仙桥、宿云桥等景点。每一处景点都充满了独特的韵味与魅力。接仙桥,传说中是仙人下凡的必经之路,站在桥上,我仿佛能感受到一股超凡脱俗的气息。而宿云桥,则因其横跨于溪流之上,云雾缭绕而得名,站在桥上,仿佛置身于云端之上,令人心旷神怡。

接下来,我们走进了彩池群的世界。婆娑映彩池、明镜倒映池、争艳彩池、盆景池……每一个彩池都以其独特的形态和色彩吸引着我们的目光。它们或小巧精致,或宏大壮观,每一处都让人流连忘返。我驻足于每一个彩池前,细细品味着大自然的杰作,心中充满了对生命的敬畏与感慨。

寻幽:洗身洞与莲台飞瀑的奇遇。在彩池群的尽头,我们找到了洗身洞。这是一个充满神秘色彩的洞穴。虽然我没有勇气深入其中一探究竟,但那份对未知的敬畏与向往油然而生。离开洗身洞后,我们被一阵轰鸣的水声所吸引。循声望去,只见莲台飞瀑如丝如缕般从高处倾泻而下,溅起层层水花,形成了一道壮丽的瀑布景观。我站在瀑布前,感受着水雾的滋润与清凉,仿佛所有的烦恼都随着水流的冲击而消散无踪。

在黄龙风景区的研学期间,除了那些令人叹为观止的自然景观和深厚的文化底蕴外,还发生了许多有趣的事情,为这次旅行增添了不少乐趣和难忘的回忆。

偶遇松鼠的亲密接触。在原始森林中漫步时,无意间发现了一只可爱的小松鼠。它正忙碌地在树枝间跳跃,寻找着食物。当我轻轻靠近,试图用相机记录下这温馨的一幕时,小松鼠竟然没有丝毫的畏惧,反而好奇地望着我,仿佛也在打量这位不速之客。更有趣的是,当我小心翼翼地伸出手,试图给它一些食物时,它竟然大胆地抢过食物,然后迅速跳回树上,津津有味地吃了起来。这一幕让我惊喜不已,也让我深刻感受到了大自然的和谐与美好。

雨中漫步的浪漫体验。天空突然下起了绵绵细雨,虽然给行程带来了一些不便,但也为我们提供了一次难得的雨中漫步体验。我们或穿上一次性雨衣,或打着伞,继续在黄龙风景区内探索。雨中的黄龙别有一番风味,云雾缭绕的山峰显得更加神秘莫测,五彩斑斓的彩池在雨水的滋润下更加鲜艳夺目。我们沿着湿漉漉的栈道前行,脚下的石板路发出清脆的声响,仿佛在为我们的旅程伴奏。虽然雨水打湿了我们的衣裳,但那份清新与宁静让我们感到无比惬意和满足。

　　这些有趣的事情不仅让我的黄龙风景区之旅变得更加丰富多彩和难忘,也让我在探索自然和文化的过程中收获了更多的知识和感悟。我相信这些宝贵的经历将会成为我人生旅途中一道亮丽的风景线。此次黄龙风景区研学之旅,不仅让我领略到了大自然的鬼斧神工和生物多样性的丰富多彩,更让我深刻体会到了人与自然和谐共生的意义。

第三章　黄河甘肃流域生态研学

核心素养

文化基础 / 人文底蕴 / 人文情怀

文化基础 / 科学精神 / 勇于探索

社会参与 / 责任担当 / 社会责任

社会参与 / 实践创新 / 问题解决

学习方式

查阅信息、交流访问、野外调查、讨论与展示

研学五问

1. 如何在给定的生态研学项目中开展一项个性化创新课题研究?

2. 如何完善这一项个性化创新课题?

3. 开展这一项个性化创新课题需要做哪些准备?

4. 你打算如何展示该项创新课题成果?

5. 你有什么收获和体会?

研究目的:组织实施黄河甘肃流域生态研学,开展土壤和水体调查研究,科学评价,为黄河甘肃流域土壤保护和水质维持提供依据。

研究方法:以扎尕那景区、美仁草原、兰州黄河滩、麦积山石窟景区为实验组,以敦煌莫高窟景区、嘉峪关景区、张掖丹霞景区、雷台汉墓景区为对照组,随机挖取表层土样约1 kg封袋,带回实验室检测7种养分指标和10种重金属指标,分析评价土壤养分和重金属含量。以玛曲、兰州黄河滩、大夏河为实验组,随机采集河流湖泊表层水样约1 L各5份装瓶,带回实验室检测pH、溶解氧、电导率、浊度、高锰酸盐指数、氨氮、总磷、总氮,分析评价水质。

调查结果:(1)土壤pH:7.02~8.95;有机质:2.09~80.30 g/kg;全氮:0.36~3.50 g/kg;全磷:0.32~1.34 g/kg;全钾:7.30~18.80 g/kg;水解性氮:42.30~326.00 mg/kg;有效磷:2.16~37.30 mg/kg;速效钾:64.00~394.00 mg/kg。(2)土壤砷含量:5.10~16.70 mg/kg;镉:0.06~0.41 mg/kg;铅:8.4~53.7 mg/kg;汞:0.02~0.46 mg/kg;铜:12~38 mg/kg;镍:21~51 mg/kg;锌:36~111 mg/kg;铬:25~117 mg/kg;钒:42.1~82.0 mg/kg;钼:0.70~1.84 mg/kg。(3)水体pH:8.31~8.37;溶解氧:7.76~9.46 mg/L;电导率:302.5~606.9 μS/cm;浊度:82.84~119.78 NTU;高锰酸盐指数:0.91~1.82 mg/L;氨氮:0.037~0.142 mg/L;总磷:0.019~0.036 mg/L;总氮:1.30~2.59 mg/L。

研究结论:(1)扎尕那土壤有机质、全氮、全磷、水解性氮养分等级优;美仁草原土壤全氮养分等级优,水解性氮、有效磷养分等级差;兰州黄河滩土壤有机质、全氮、水解性氮、有效磷养分等级差;麦积山石窟土壤有效磷养分等级优,全磷、水解性氮养分等级差;敦煌莫高窟土壤水解性氮、速效钾养分等级优;嘉峪关速效钾养分等级优,全氮、水解性氮养分等级差;张掖丹霞土壤速效钾养分等级优,有机质、全钾养分等级差;雷台汉墓土壤有机质、全氮、全磷、速效钾养分等级优。(2)土壤重金属含量不超标,无污染风险。(3)玛曲水体溶解氧、氨氮、总磷评价均为Ⅰ类水,高锰酸盐指数评价为Ⅴ类水,总氮评价为Ⅳ类水;兰州黄河滩水体溶解氧、氨氮评价均为Ⅰ类水,总磷评价为Ⅱ类水,高锰酸盐指数评价为Ⅴ类水,总氮评价为劣Ⅴ类水;大夏河水体溶解氧、氨氮评价均为Ⅰ类水,总磷评价为Ⅱ类水,高锰酸盐指数评价为Ⅲ类水,总氮评价为劣Ⅴ类水。整体上看,黄河甘肃流域兰州黄河滩、大夏河水体总氮含量超标。

1 项目背景

黄河在甘肃省境内"两进两出",入甘南、经临夏、穿兰州、过白银,在甘肃省流经 913 km。黄河 1/5 以上的水量来自甘肃段,甘肃省是黄河重要水源涵养区,是我国西部生态安全屏障。甘肃省黄河流域也集中着全省 70% 的人口和经济总量,是全省政治、经济、文化的核心区域。甘肃省作为国家黄河流域生态保护和高质量发展战略的首倡之地,树牢上游意识,展示上游作为,将推动黄河流域生态保护和高质量发展作为义不容辞的责任(吕霞,2020)。

2019 年 8 月 19 日至 22 日,习近平总书记在甘肃考察,察看丝路明珠敦煌,登上大漠雄关嘉峪关。习近平强调,治理黄河,重在保护,要在治理。要坚持山水林田湖草综合治理、系统治理、源头治理,统筹推进各项工作,加强协同配合,共同抓好大保护,协同推进大治理,推动黄河流域高质量发展,让黄河成为造福人民的幸福河。

2 项目研究意义

本研究团队在 2021 年 7 月、2022 年 8 月、2023 年 6 月、2023 年 7 月和 2024 年 7 月,五次赴黄河甘肃流域开展调查(图 3-1),在 2023 年 6 月采集土样和水样,据此做生态保护与高质量发展评价。

图 3-1 2021—2024 年黄河甘肃流域调查合影

图 3-1（续）　2021—2024 年黄河甘肃流域调查合影

图 3-1（续） 2021—2024 年黄河甘肃流域调查合影

3 调查方法及过程

3.1 研究区域

扎尕那景区，位于甘肃省甘南藏族自治州迭部县益哇乡，藏语意为"石匣子"，地形既像一座规模宏大的巨型宫殿，又似天然岩壁构筑。它地处青藏高原、黄土高原和四川盆地交界地带，曾被联合国粮农组织认定为全球重要农业文化遗产，被《中国国家地理》评为"中国十大非著名山岳第四名"，被美国权威旅游杂志评为"世界 50 个户外天堂之一"（王耀斌等，2018；刘钰祖和杜森，2024）。

美仁草原，位于甘肃省合作市东，是青藏高原特有的高山草甸草原地貌，也是合冶公路通往康多大峡谷和冶力关等景区的必经之地。草原地势平缓、景色奇特，风格迥异。美仁草原平均海拔 3500 m，风景绝美，夏季气温 15℃～26℃，气候凉爽，不失为避暑度假的胜地（边金霞等，2024）。

兰州黄河滩，又称兰州黄河风情线，是甘肃省兰州市核心景区。它东起城关区,西至西固区,以兰州黄河铁桥为中轴,以黄河兰州市区段两岸风光为依托,依山就势。全长约 50 km 的南北滨河路,是中国最长的市内滨河路,被称为"兰州外滩",流域面积 27.44 km²,现为"中国黄河 50 景"。

麦积山石窟景区,位于甘肃省天水市麦积区麦积镇麦积村,面积 215 km²,以麦积山石窟艺术为主要特色,始建于 5 世纪初,是中国唯一保存的北朝造像体系最为完整的石窟,同时还是唯一保存有中国北朝崖阁式建筑实例的石窟,被誉为"东方雕塑艺术陈列馆",是中国四大石窟之一。现为国家重点文物保护单位、国家级风景名胜区、国家自然与文化双遗产、国家级森林公园、国家级地质公园、国家 5A 级旅游景区(杨鸿锐等,2021;李隆等,2024)。

莫高窟景区,坐落于河西走廊西部尽头的敦煌,开凿自十六国时期至元代。它既是中国古代文明的一个璀璨的艺术宝库,也是古代丝绸之路上曾经发生过的不同文明之间对话和交流的重要见证,是中国石窟艺术发展演变的一个缩影,在石窟艺术中享有崇高的历史地位,是中国四大石窟之一。现为全国重点文物保护单位、世界文化遗产(李最雄,2002;张正模等,2024)。

张掖丹霞景区,位于甘肃省张掖市临泽县,是中国丹霞地貌发育最大最好、地貌造型最丰富的地区之一,是中国彩色丹霞和窗棂状宫殿式丹霞的典型代表,是国内唯一的丹霞地貌与彩色丘陵景观复合区。张掖丹霞地质公园分布面积约 536 km²,其中七彩丹霞景区面积约 200 km²,冰沟丹霞景区面积约 300 km²。现为世界地质公园、国家 5A 级旅游景区(张荷生,崔振卿,2007;石贵琴等,2023)。

嘉峪关景区,位于甘肃省嘉峪关市,占地 4523.36 m²。嘉峪关始建于明洪武五年(1372 年),是中国明长城的最西端,建成于明嘉靖十八年(1539 年),有"天下第一雄关""连陲锁钥"之称。现为全国重点文物保护单位、世界文化遗产、国家 5A 级旅游景区、全国爱国主义教育示范基地(柳红波等,2018;赵连春等,2020)。

雷台汉墓景区,位于甘肃省武威市凉州区,约建于东汉晚期,因出土国宝级文物马踏飞燕闻名。雷台汉墓为大型砖石墓葬,两座墓葬均建于夯土筑成的土台(雷台)下。现为全国重点文物保护单位(张晋峰和牛宏,2017)。

3.2 研究方法

实验室分析测定土壤 pH、有机质、全氮、全磷、全钾、水解性氮、有效磷、速效钾含量以及重金属含量。土壤有机质依据《LY/T 1237—1999 森林土壤有机质的测定》,采用滴定法测定;全氮和水解性氮依据《LY/T 1228—2015 森林土壤氮的测定》，采用凯氏定氮法和滴定法测定；全磷和有效磷依据《LY/T 1232—2015 森林土壤磷的测定》，采用碱熔 – 钼锑抗分光光度法和比色法测定；全钾和速效钾依据《LY/T 1234—2015 森林土壤钾的测定》，采用原子吸收分光光度法测定。本次检测由青岛衡立检测研究院完成。

实验室分析测定水体 pH、溶解氧、电导率，浊度、高锰酸盐指数、氨氮、总磷、总氮含量。本次检测由临沂市科学探索实验室完成。

4 调查结果

4.1 土壤养分差异

检测分析黄河甘肃流域扎尕那景区、美仁草原、兰州黄河滩、麦积山石窟景区、敦煌莫高窟景区、嘉峪关景区、张掖丹霞景区、雷台汉墓景区 7 种土壤养分指标有机质、全氮、全磷、全钾、水解性氮、有效磷和速效钾含量差异（表 3-1）。

表 3-1　黄河甘肃流域扎尕那、美仁草原、兰州黄河滩、麦积山石窟、
敦煌莫高窟、嘉峪关、张掖丹霞、雷台汉墓景区土壤养分

指标	实验组				对照组			
	扎尕那	美仁草原	兰州黄河滩	麦积山石窟	敦煌莫高窟	嘉峪关	张掖丹霞	雷台汉墓
pH	7.02	8.48	8.95	8.09	7.87	8.32	8.64	8.49
有机质	80.30	12.50	2.09	21.10	13.40	11.10	8.60	33.50
全氮	3.50	2.77	0.36	1.24	0.79	0.48	0.51	1.60
全磷	0.85	0.55	0.46	0.32	0.56	0.79	0.73	1.34
全钾	13.40	11.50	7.30	18.80	10.80	12.60	8.50	11.20
水解氮	326.00	42.30	18.00	56.20	200.00	57.20	92.50	108.00
有效磷	7.39	4.71	2.16	37.30	19.40	11.00	9.38	18.50
速效钾	87.80	98.40	78.60	64.00	309.00	394.00	375.00	179.00

注：有机质、全氮、全磷、全钾单位均为 g/kg；水解性氮、有效磷、速效钾单位均为 mg/kg。

土壤有机质含量：扎尕那＞雷台汉墓＞麦积山石窟＞敦煌莫高窟＞美仁草原＞嘉峪关＞张掖丹霞＞兰州黄河滩；土壤全氮含量：扎尕那＞美仁草原＞雷台汉墓＞麦积山石窟＞敦煌莫高窟＞张掖丹霞＞嘉峪关＞兰州黄河滩；土壤全磷含量：雷台汉墓＞扎尕那＞嘉峪关＞张掖丹霞＞敦煌莫高窟＞美仁草原＞兰州黄河滩＞麦积山石窟；土壤全钾含量：麦积山石窟＞扎尕那＞嘉峪关＞美仁草

原>雷台汉墓>敦煌莫高窟>张掖丹霞>兰州黄河滩;土壤水解性氮含量:扎尕那>敦煌莫高窟>雷台汉墓>张掖丹霞>嘉峪关>麦积山石窟>美仁草原>兰州黄河滩;土壤有效磷含量:麦积山石窟>敦煌莫高窟>雷台汉墓>嘉峪关>张掖丹霞>扎尕那>美仁草原>兰州黄河滩;土壤速效钾含量:嘉峪关>张掖丹霞>敦煌莫高窟>雷台汉墓>美仁草原>扎尕那>兰州黄河滩>麦积山石窟。

4.2　土壤养分评价

依据《第二次全国土壤普查技术规程》土壤养分分级标准,采用土壤有机质、全氮、全磷、全钾、水解性氮、有效磷和速效钾7种养分指标,分别评价黄河甘肃流域扎尕那景区、美仁草原、兰州黄河滩、麦积山石窟景区、敦煌莫高窟景区、嘉峪关景区、张掖丹霞景区、雷台汉墓景区土壤养分等级(表3-2)。

表3-2　黄河甘肃流域扎尕那、美仁草原、兰州黄河滩、麦积山石窟、
敦煌莫高窟、嘉峪关、张掖丹霞、雷台汉墓景区土壤养分等级

指标	实验组				对照组			
	扎尕那	美仁草原	兰州黄河滩	麦积山石窟	敦煌莫高窟	嘉峪关	张掖丹霞	雷台汉墓
有机质	1级	4级	6级	3级	4级	4级	5级	2级
全氮	1级	1级	6级	4级	4级	6级	4级	2级
全磷	2级	4级	4级	5级	4级	3级	3级	1级
全钾	4级	4级	5级	3级	4级	4级	5级	4级
水解氮	1级	5级	6级	5级	1级	5级	3级	3级
有效磷	4级	5级	6级	1级	3级	3级	4级	3级
速效钾	4级	4级	4级	4级	1级	1级	1级	2级

扎尕那土壤有机质、全氮、全磷、水解性氮养分等级优;美仁草原土壤全氮养分等级优,水解性氮、有效磷养分等级差;兰州黄河滩土壤有机质、全氮、水解性氮、有效磷养分等级差;麦积山石窟土壤有效磷养分等级优,全磷、水解性氮养分等级差;敦煌莫高窟土壤水解性氮、速效钾养分等级优;嘉峪关速效钾养分等级优,全氮、水解性氮养分等级差;张掖丹霞土壤速效钾养分等级优,有机质、全钾养分等级差;雷台汉墓土壤有机质、全氮、全磷、速效钾养分等级优。综合评价:扎尕那=雷台汉墓>敦煌莫高窟>麦积山石窟>张掖丹霞>嘉峪关>美仁草原>兰州黄河滩。

4.3 土壤重金属差异

检测分析黄河甘肃流域扎尕那景区、美仁草原、兰州黄河滩、麦积山石窟景区、敦煌莫高窟景区、嘉峪关景区、张掖丹霞景区、雷台汉墓景区土壤重金属铬、钼、镍、锌、镉、铅、铜、钒、砷、汞含量差异(表3-3)。

表3-3 黄河甘肃流域扎尕那、美仁草原、兰州黄河滩、麦积山石窟、
敦煌莫高窟、嘉峪关、张掖丹霞、雷台汉墓景区土壤重金属 (单位:mg/kg)

指标	实验组				对照组			
	扎尕那	美仁草原	兰州黄河滩	麦积山石窟	敦煌莫高窟	嘉峪关	张掖丹霞	雷台汉墓
砷	13.90	10.50	5.10	13.30	8.52	12.40	16.70	14.10
镉	0.13	0.27	0.07	0.22	0.06	0.15	0.09	0.41
铅	14.20	11.50	13.90	53.70	8.40	9.60	19.80	21.80
汞	0.04	0.11	0.02	0.17	0.17	0.09	0.07	0.46
铜	22.00	20.00	17.00	26.00	12.00	32.00	28.00	38.00
镍	33.00	23.00	23.00	38.00	21.00	51.00	47.00	44.00
锌	82.00	81.00	62.00	111.00	36.00	77.00	61.00	87.00
铬	98.00	78.00	117.00	96.00	25.00	83.00	70.00	68.00
钒	62.80	42.10	76.60	82.00	60.80	58.80	65.80	52.90
钼	0.90	1.84	0.75	1.08	0.70	1.74	1.12	0.92

土壤砷含量:张掖丹霞>雷台汉墓>扎尕那>麦积山石窟>嘉峪关>美仁草原>敦煌莫高窟>兰州黄河滩;土壤镉含量:雷台汉墓>美仁草原>麦积山石窟>嘉峪关>扎尕那>张掖丹霞>兰州黄河滩>敦煌莫高窟;土壤铅含量:麦积山石窟>雷台汉墓>张掖丹霞>兰州黄河滩>扎尕那>美仁草原>嘉峪关>敦煌莫高窟;土壤汞含量:雷台汉墓>麦积山石窟=敦煌莫高窟>美仁草原>嘉峪关>张掖丹霞>扎尕那>兰州黄河滩;土壤铜含量:雷台汉墓>嘉峪关>张掖丹霞>麦积山石窟>扎尕那>美仁草原>兰州黄河滩>敦煌莫高窟;土壤镍含量:嘉峪关>张掖丹霞>雷台汉墓>麦积山石窟>扎尕那>美仁草原=兰州黄河滩>敦煌莫高窟;土壤锌含量:麦积山石窟>雷台汉墓>扎尕那>美仁草原>嘉峪关>兰州黄河滩>张掖丹霞>敦煌莫高窟;土壤铬含量:兰州黄河滩>扎尕

那＞麦积山石窟＞嘉峪关＞美仁草原＞张掖丹霞＞雷台汉墓＞敦煌莫高窟;土壤钒含量:麦积山石窟＞兰州黄河滩＞张掖丹霞＞扎尕那＞敦煌莫高窟＞嘉峪关＞雷台汉墓＞美仁草原;土壤钼含量:美仁草原＞嘉峪关＞张掖丹霞＞麦积山石窟＞雷台汉墓＞扎尕那＞兰州黄河滩＞敦煌莫高窟。

4.4 土壤重金属评价

依据土壤环境质量土壤污染风险管控标准,采用土壤镉、铬、汞、镍、铅、砷、锌7种重金属指标,分别评价黄河甘肃流域扎尕那景区、美仁草原、兰州黄河滩、麦积山石窟景区、敦煌莫高窟景区、嘉峪关景区、张掖丹霞景区、雷台汉墓景区土壤污染风险,显示全部正常,不超标,无风险。

4.5 水质分析

检测分析黄河甘肃流域玛曲、兰州黄河滩、大夏河水质指标 pH、溶解氧、电导率、浊度、高锰酸盐指数、氨氮、总磷、总氮含量差异(图3-2)。

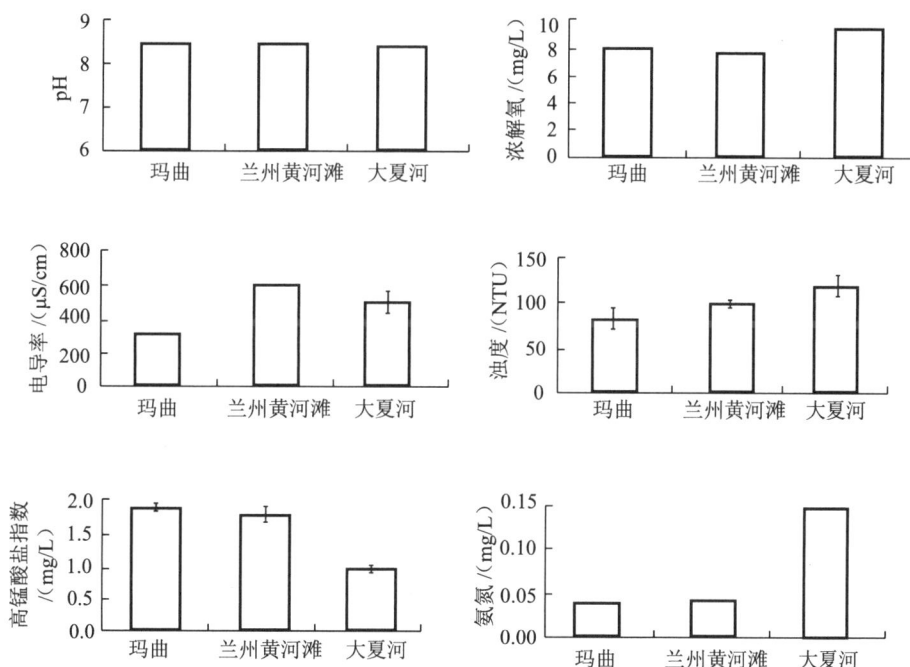

图 3-2　黄河甘肃流域玛曲、兰州黄河滩、大夏河水质

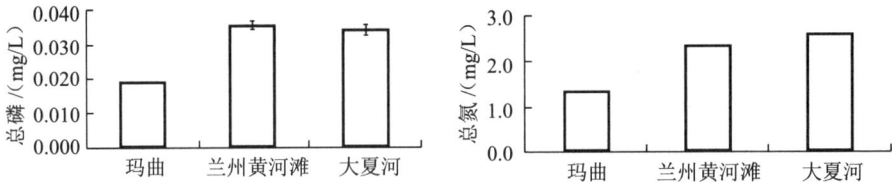

图 3-2（续） 黄河甘肃流域玛曲、兰州黄河滩、大夏河水质

水体 pH：玛曲＞大夏河＞兰州黄河滩；水体溶解氧含量：大夏河＞玛曲＞兰州黄河滩；水体电导率、总磷含量：兰州黄河滩＞大夏河＞玛曲；浊度、氨氮、总氮含量：大夏河＞兰州黄河滩＞玛曲；水体高锰酸盐指数：玛曲＞兰州黄河滩＞大夏河。

4.6 水质评价

根据《GB 3838—2002 地表水环境质量标准》，采用水体溶解氧、高锰酸盐指数、氨氮、总磷、总氮含量单一指标，分别评价黄河甘肃流域玛曲、兰州黄河滩、大夏河水质（表 3-4）。

表 3-4 黄河甘肃流域玛曲、兰州黄河滩、大夏河水质评价

指标	玛曲	兰州黄河滩	大夏河
溶解氧	Ⅰ类水	Ⅰ类水	Ⅰ类水
高锰酸盐指数	Ⅴ类水	Ⅴ类水	Ⅲ类水
氨氮	Ⅰ类水	Ⅰ类水	Ⅰ类水
总磷	Ⅰ类水	Ⅱ类水	Ⅱ类水
总氮	Ⅳ类水	劣Ⅴ类水	劣Ⅴ类水

玛曲水体溶解氧、氨氮、总磷单一指标评价均为Ⅰ类水，高锰酸盐指数评价为Ⅴ类水，总氮评价为Ⅳ类水；兰州黄河滩水体溶解氧、氨氮单一指标评价均为Ⅰ类水，总磷评价为Ⅱ类水，高锰酸盐指数评价为Ⅴ类水，总氮评价为劣Ⅴ类水；大夏河水体溶解氧、氨氮单一指标评价均为Ⅰ类水，总磷评价为Ⅱ类水，高锰酸盐指数评价为Ⅲ类水，总氮评价为劣Ⅴ类水。整体上看：黄河甘肃流域兰州黄河滩、大夏河水体总氮含量超标。

5 研学体会

5.1 扎尕那

扎尕那，位于海拔 4000 多米的高原上，凭借着藏族人民的勤劳和智慧，已经

经历了几百年的风雨沧桑。走进这座城市，仿佛走进了一个宏大的藏族文化博物馆，可以品味到浓厚的藏族文化氛围，欣赏到著名的藏族建筑艺术和千年族谱文化，尤其是这里的人们，他们淳朴的生活态度、细腻的手工艺和超凡的智慧，让人感受到藏族人民的辉煌和智慧。

我们到达扎尕那时，淅淅沥沥的小雨让景色变得更加迷人。山花争奇斗艳，花间蝶舞纷飞，百鸟鸣唱，令人沉醉，心旷神怡。据说到了深秋，霜染秋叶，万山披彩，红果累累，犹如一幅丹青绝笔，让人如痴如醉。隆冬时节，叶落山瘦，松柏苍翠，冰瀑四锤，待瑞雪天降，山顶白雪皑皑，山中银装素裹，玉树琼花，又是另一番美景。其宛如人的生命历程，在不同的人生阶段，都有不同的风采。在变幻莫测的人生旅程中，我们要学会适应和欣赏。

扎尕那藏语意为"石箱子"，是一座完整的天然石城。清澈的河水，蜿蜒的河谷，茂密的树林，郁郁葱葱的大地，古老的村寨，错落有致。巍峨的山峰在天光水色和碧波的映衬下，翠然生辉。置身其中，让人如临仙境，流连忘返。在这里所有的语言都苍白无力，唯有风轻云白，心旷神怡，物我两忘，就连人们的交流也轻声细语，唯恐打破了小寨的宁静。奇妙的景色，梦幻般的田园，引起了人们的极大兴趣，人们争相拍照留念，以便将自己和大自然融为一体，将生命的本质体现得淋漓尽致。绿水青山就是金山银山，就是人类最宝贵的共同财富。

优美的自然景观离不开丰富的动植物资源的映衬。据记载，扎尕那有高等植物400多种，其中有国家一级保护植物1种，国家二级保护植物15种省重点保护植物6种。丰富的资源成为我们学习的宝贵财富。同事们一边欣赏美景，一边相互交流着各种植物的名字、特征等。这些树木有的苍劲雄浑，有的俊秀飘逸……它们都在以自己特有的方式适应这里生活的同时，点缀着美妙的自然风景，宛如人世间，形形色色的我们，虽然各不相同，但都在以自己的方式积极参与生活。生活中的坎坷经历，积淀了我们深厚的人生底蕴，启迪了人生智慧，镌刻出一幅幅美好的人生画卷。

这里野生动物较多，其中有国家一、二级重点保护动物28种，走进公园，可以看到各种常见的小动物，如活泼的松鼠。

游览当天扎尕那刚下了一场雨，空气清新，远处的山都浸在云雾中，四周的房屋湿漉漉的，泥土散发着芬芳，似轻烟的云雾在层层叠叠、高耸入云的山峰间盘旋，它们一会儿聚拢在山尖，一会儿流入山谷，一会儿又分散在原野农田。俊朗的山峰形似笔架，又似蹿起的火苗，更像利刃耸立，刺穿云端。

我们游览的沿途商铺鳞次栉比，店铺秉持着原始的销售方式，藏族人民素朴的生活方式深深地震撼着我们游客的心灵,让人们能够重新感受到那种朴实、单纯、真实的人性本质,体会到藏族人民深厚的文化底蕴。

我们看到很多手工艺制品,例如衣服、鞋子、饰品以及陶器都充满了藏族特色。沿途的商铺门前有两个藏族儿童在嬉笑玩耍,他们将近两岁的样子,耳朵很红润。头上扎着个小辫子,小手黑漆漆的,乌黑的眼睛好奇地看着我们。我从口袋里摸出山楂卷给他们,他们伸出小手抓了过去,其中一个儿童小嘴一弯,向我露出了一个甜甜的笑脸,可爱极了。

扎尕那跨越多年,延续着藏族人民深厚的文化底蕴。这里是历史的见证,是古城传奇的天堂,也是一个诠释着高原文化内涵的地方。这就是扎尕那,这就是香巴拉的传说。

5.2 麦积山石窟

麦积山俗称麦积崖,崖高 142 米,因其"望之团团,如民间积麦之状,故有此名"。我们站到导游手指的位置远望,果然团团如积麦,只是那些孩子们,甚至多数年轻人恐怕都不了解积麦是什么样子。积麦就是用麦秸堆积起来的一个草垛,下面是圆柱体,上面呈锥形,远看跟亭子差不多,只不过是实心的,俗称"麦秸垛"。铁凝在她的小说《麦秸垛》中这样写:"那麦秸垛从喧嚣的地面勃然而起,挺挺地戳在麦场上。垛顶被黄泥压匀,显出柔和的弧线,似一朵硕大的蘑菇;垛檐扇出来,碎麦秸在檐边耀眼地参差着,仿佛一轮拥戴着它的光环。"铁凝写得好,把普通百姓丰收后的喜悦与满足都渗透进了字里行间。事实如此,麦秸垛越大,说明收获的麦子越多,收获越多则老百姓的心头越踏实。老百姓的追求本来就简单,不过就是生存和生活,堆积如山的麦秸垛大概就是老百姓自古至今不变的信仰。其实麦积山之命名亦如此,其间流露的同样也是对丰收的渴望,若今年能积麦如山,则四季无忧,再到青黄不接的时候就能吃饱肚子,如是而已。

我的老家也种麦子,不过因为是库区,麦子种得少,主要种地瓜和玉米。那一年,二大爷家收了 2000 斤地瓜,晒成地瓜干,雪白雪白的,一片一片堆在东屋里。二大爷光着膀子,后背闪着黝黑黝黑的光,他蹲在一片雪白的浪花里笑逐颜开。二大爷的手指异常粗大,却又异常灵活、异常小心翼翼。他左手从隆起的浪花里挑挑拣拣,然后递到右手里,再把右手里的地瓜干垒成一道方墙。一边靠着屋墙,二大爷从墙角开始垒砌,每到拐角处都要仔细掂量,慢慢地一座长方体堡垒越垒越高。形状各异的地瓜干在二大爷粗大手指摆弄下被恰到好处地安置成一块块"砖瓦"。二大爷满脸带笑,有了这座瓜干垛,今年家里的四个哥哥姐姐就饿不着。那年二大爷还不到40岁，今年已85岁。前几天我回老家看他，他还顶着烈日在侍弄庄稼。

生和活就是老百姓的追求和信仰。麦积山石窟就是因信仰而被开凿出来的。

据说麦积山石窟最早开凿于十六国时期的后秦。其时后秦定都长安，皇帝姚兴笃信佛教，《晋书》中记载："兴与罗什及沙门僧略、僧迁、道树、僧睿、道坦、僧肇、昙顺等八百余人，更出大品，罗什持胡本，兴执旧经，以相考校，其新文异旧者皆会于理义。续出诸经并诸论三百余卷。"

麦积山石窟佛像众多，始于后秦，历经北魏、西魏、北周、隋、唐、五代、宋、元、明、清，有221座洞窟、10632身泥塑石雕和约1300 km^{2}壁画。这些众多异彩纷呈的佛像、壁画都是皇家、官府或豪门花钱雕琢的。那些古代工匠们先用崖面岩石雕凿出佛像轮廓，然后在上面附着粗泥、细泥进行精雕细琢——这就是石胎泥塑造像，然后把自己对美好生活的信仰熔铸进去，熔铸进佛像慈悲的目光里、悠闲的姿态里、亲切的笑容里。

开凿于北魏时期的133窟中居中的是两尊一组木胎泥塑像。两尊塑像形象地表现了当时的情景。释迦牟尼立于莲台之上，罗睺罗双手合十，立于佛的右侧。佛眼平视前方，仿佛穿越时空看到了未来；左掌朝上，似要托起众生，右手却又忍不住掌心向下去轻抚儿子的头顶。再看佛祖的眼睛，已是泪湿眼眶；而罗睺罗低着头，一脸委屈。133窟中的小沙弥十二三岁的年龄，站在佛祖身旁，双眼微眯，嘴角带笑，既活泼又可爱。

麦积山石窟中的女性雕像亦有东方世界特殊的美。第44窟正壁的主佛，据说是武都王元戍仿其母西魏文帝元宝炬的皇后乙弗氏的面容、形象所塑。佛像脸型饱满圆润，眉目细长，嘴角内含，笑意微露，带着经典的东方微笑，给人端庄文静、仁慈宽厚之感。《北史》中记载乙弗皇后"性好节俭，蔬食故衣，珠玉罗绮绝于服玩。又仁恕不为嫉妒之心"，但魏文帝为使柔然不侵犯西魏边境，采取和亲政策，迎娶柔然头兵可汗之女郁久闾氏，并立其为皇后，废黜乙弗氏，"命后逊居别宫，出家为尼"。后来郁久闾氏"犹怀猜忌"，皇帝只好让乙弗氏出宫移居秦州。然而事情并没有到此结束，公元540年，柔然又举国渡河寇边，当时不少人都说柔然人是因为郁久闾氏的缘故才兴师动众的，皇帝虽有不忍但仍然派遣中常侍曹宠将他亲手写的诏书送给乙弗氏，让她自尽。乙弗氏哭着对曹宠说："愿至尊享千万岁，天下康宁，死无恨也。"于是自尽而死，年31岁，"凿麦积崖为龛而葬"。

对于心地善良、为老百姓福祉做出贡献的人，老百姓总是心怀感恩与敬意，不惜把其雕塑得美轮美奂，以至于今仍然动人心魄。

5.3 敦煌莫高窟

提到大西北,你一定会想到甘肃;提到甘肃,你一定会想到敦煌;而提到敦煌,你心之所向的一定是莫高窟!敦煌莫高窟只属于东方的艺术瑰宝,自诞生的那一刻起,就注定着不平凡。西有卢浮宫,东有莫高窟。莫高窟是中国古代文明璀璨的艺术宝库。

关于敦煌,最早的神话出现于《山海经》,那里面讲:"三危之山,三青鸟居之。是山也,广员百里。"其中的"三危之山"便指今日的甘肃省敦煌市。敦煌是丝绸之路战略要地、丝绸之路的西陲重镇、沟通中原和西域的交通枢纽、各种民族与文化交汇的场域……佛教文化和艺术在内的中西文明在这里交汇、碰撞,敦煌莫高窟文化由此诞生,由此催生了4—14世纪的莫高窟艺术和藏经洞文物的硕果。伴随古丝绸之路兴盛和繁荣的1000年,东西方文明长期荟萃交融,莫高窟就是古代中西文化在敦煌交汇交融的见证。

或许你和我一样第一次听说敦煌莫高窟是在历史课本上,那时候只知道她给人带来的震撼是无法用词语来形容的。也许从那时起你和我一样心中便种下了一个执念:如果有时间,有机会一定要去敦煌亲眼见证一下这个璀璨的艺术宝库。

很荣幸我等到了这个机会!

莫高窟,真的如书中记载的那么璀璨夺目、精妙绝伦吗?真的如别人所说震撼得足以为其哭泣吗?也正是这些疑惑更加使得莫高窟披上了一层层神秘的面纱,我怀着激动的心情只想一睹为快!河西走廊的历史文化源远流长,名胜古迹灿若星河!

莫高窟经历了1000年才建成,这在中国乃至世界都是罕见的。莫高窟的建筑形制特别,内藏玄机。从外面看,莫高窟只是一片河流冲出来的崖壁,人们就地取材,从河床的崖壁上凿出来的石窟形态各异,有的是斜山顶,有的是覆斗顶,有的是中心塔柱,谁曾想到朴实的外表下藏着惊艳绝伦的佛像和壁画,真的是外表朴实,内里惊艳!

有人说莫高窟可以看哭很多人,直到走进洞窟里面我才深刻理解了他们的感受。每当紧锁的窟门打开,似乎一个时代的大门也同时开启。那是一种无以复加的震撼,只有当你亲身到现场才能够体会到,这样的中华瑰宝是何等的壮观。我的目光无法离开这些精妙绝伦的艺术作品,每座雕塑和壁画的内容都有其承载的意义,这些色彩与描绘冲击了我的审美,触动了我的心灵。余秋雨先生曾说:"看敦煌莫高窟,不是看死了一千年的标本,而是看活了一千年的生命!"驻足窟内,与佛像四目相对,犹如与之在交流,很想聆听他们讲述这里所经历的一切。

莫高窟的画像数不清,风格也多变:魏晋南北朝造型夸张,情感强烈外露,多带西域风格;隋唐时期题材丰富,内容多变,场面和情节真实有趣;宋元加绘供养人,尺寸如真人,甚至超过真人!让我印象最深,最为之震撼的有以下几个窟。

初唐57窟"最是那一低头的温柔",是一个隋风渐转唐风的洞窟。窟内是大名鼎鼎的美人菩萨,菩萨体态婀娜,长目细眉,若有所思,文静娴雅;沥粉堆金的宝冠佩饰雍容高贵,淡朱晕染的肌肤光泽细腻,面部腮红仍然清晰可见,面若桃花,眼神慈悲庄重,讲解员的手电光从下面打上去,大家都不禁发出惊叹,真的是栩栩如生呀!这组菩萨画像保存得如此完好,很不可思议。同面墙上其余两位菩萨脸部都已经受到了不同程度的氧化,面部发黑无法辨清五官,很是惋惜。

中唐158窟"你看到的一瞬间,世上已千年"。超级震撼!释迦牟尼涅槃像,佛像吉祥卧,长度15.8米,记录的是释迦牟尼佛灭圆寂时的景象。我仰头望着长达十几米的大佛,心中的震撼难以形容,佛眼微张仿佛凝视众生,表情刻画细致入微,佛身比例十分完美,肌肉曲线圆润丰腴,看到他时感觉时间变慢了,也变快了,佛像表情宁静优雅,给我一种超乎时间的感动!

中唐159窟,仍然是让我感到很惊艳的一个,窟两旁的菩萨皮肤光滑流转,甚至还带些反光,远处看晶莹剔透,面白唇红。

我最喜欢的是45窟盛唐塑像。45窟应该是所有人为之奔赴的一个窟,窟内有最美的菩萨,他们头梳高髻,赤裸上身,斜披天衣长裙,站立作S形,一足实而一足虚,一臂曲而一臂垂,弯弯的眉弓,长长的蛾眉,脸部线条极其优美!左右两尊菩萨塑造得很灵动很富有美感,好像菩萨的衣襟随时可以飘动起来!盛唐的雕塑还能保存得这么完好,雕塑得很细致,特别值得一看。

敦煌莫高窟不愧是一场跨越千年的文化盛宴,是大漠里的美术馆!其宏大,其丰富,其绚丽,让一个过客般的参观者不敢多言!在这里我看到的不是千年的一瞬间,而是看到了一瞬间的千年!

提莫高窟不得不提举世闻名的17号窟——藏经洞。藏经洞内有大量佛经、道经、儒家经典、小说等,其中有很多是孤本和绝本。如果说其他窟是美术馆,那么藏经洞就是文学宝库,由此还形成了一门以研究藏经洞文书和敦煌石窟艺术为主的学科——敦煌学。

从莫高窟出来内心久久不能平静,也许是震撼,也许是遗憾,也许是担忧。莫高窟对于我们来说是从出生起便矗立在记忆中和文明史上的丰碑,我们似乎默认了它们的存在,总以为它们会永垂不朽。可是,事实并非如此。大漠孤烟,边塞烽火,胡笳羌笛,丝路驼铃……河西走廊上现有的遗迹展现了这片土地上曾发生的一切;随着时间的流逝,不少的遗迹已带着它们所承载的故事,永远消央在了风沙中——

时光和风沙都很残酷,残酷到让人想要流泪,大自然的风霜雨雪注定会让它不复从前的光芒。据讲解员介绍,有些几年前还开放的窟,现在已经关闭了,她开玩笑说,今天看过的这几个窟,也许下一次再来时,就没办法再进去了。所以进入每一个窟,我都停留到最后,就想着多看几秒钟,因为不知道哪一面就是和洞窟的最后一面。我想,这就是奔赴敦煌的意义吧。

今天的敦煌,仍然被许多人尽力守护着。为了让它可以变得更好一点,就算对游客来说再严苛的参观规则都是在保护这座来之不易的艺术"宫殿",可惜莫高窟的经历太过坎坷,我们大家仅能在有限的时间内尽情感受莫高窟,并共同用此生来守护它!

5.4 嘉峪关

经过长途跋涉,我们来到了天下第一雄关——嘉峪关。这座位于甘肃省西部的古城,历经千年岁月的洗礼,承载着丰厚的历史和文化底蕴。它是中国长城的重要组成部分,也是丝绸之路上的咽喉要地,曾是汉代丝绸和茶叶的重要出口口岸,更是抵御西域侵袭的坚固关卡,有着"一夫当关,万夫莫开"的雄伟气势。

嘉峪关,如同一道魔幻之门,吸引着我心潮澎湃地迎接这段神秘之旅,这将会是一次穿越时空的旅行:一次与历史对话的体验。在我心中,嘉峪关是一首古老的诗篇,每一行都镌刻着辉煌的过往和峥嵘的岁月。当踏上这片古老的土地时,我知道,将会有无数的故事在我眼前展开,每一个角落都蕴藏着无尽的惊喜与感动。让我带着好奇与憧憬,追寻历史的足迹,感受嘉峪关独特的气息。

一进大门,一块巨大的石碑屹立在眼前,上面书写了九个金光闪闪的大字:天下第一雄关——嘉峪关。高适在电影《长安三万里》中上阵杀敌的那份威武也涌现在我的眼前。跟着导游往里走,我们看见了用黄土夯筑的城墙,高大坚固。这些城墙已经在沙漠中屹立了600多年,依然保存完好。嘉峪关是明代将军冯胜为加强西北防御在此修建的关城,设计独特巧妙,布局合理,建筑得法,是明长城西端的一个重要关口。整个关口由内城、外城、罗城、瓮城、城壕和南北两翼长城组成,城内有城,城外有壕,固若金汤。敌人假如冲破第一道门,城内守卫士兵将城门关闭,呈瓮中捉鳖之势,使敌人难以逃脱。

嘉峪关的城墙牢不可破,这和当初的建造密不可分。当初修建城墙时,有着非常严格苛刻的要求。黄土会经过特殊的处理,然后在里面加入灰浆进行夯筑。

夯筑好的城墙还要经过验收。验收的方法就是让弓箭手站在 50 米开外的地方，手持弯弓用弓箭射墙。如果箭头无法射入墙体则证明合格，否则城墙要推倒重建。古人的智慧不得不让我们佩服。

让我没想到的是，嘉峪关东门外还建有关帝庙、牌楼和戏楼等。关帝庙有一座大殿，两座陪殿。进了大门后，右手边是一把明晃晃的青龙刀，左手边是一匹威风凛凛的赤兔马。继续往里走，进入正殿。在正殿的中央，关羽捻着那长长的胡须，丹凤眼睥睨天下。旁边是他的护卫，个个手握刀枪，肃然挺立。出了关帝庙，正对着的就是戏台，戏台修建于清乾隆时期，是当时往来行人的一个娱乐场所。戏台大约有 2 m 高，是中国传统古典戏台。顶部图案为"八卦图"，正中央是大家熟知的"八仙"人物图，两侧为一组风情壁画。戏台两侧书写对联"离合悲欢演往事，愚贤忠佞认当场"。

这些都是在外城，沿着路往里走，就到了内城。内外城墙的高度不一样，外城墙高大约 6 m，内城墙高约 9 m。从朝东开的光华门可以进入内城，光华门寓意为旭日东升，光华普照，可以通过这个门楼看到里面的城楼。整个城门的通道长 22 m，宽 4 m，高 6 m。路面由宽大的条形石穿插组成，相当坚固。穿过光华门，进入内城，视野一下子变得开阔起来。

接下来，我们跟随导游登城墙。登上城墙有两条路，一条是马道，因将士骑马上城而得名；另外一条就是一步步攀登的台阶，是为了保护马道，专门供游客使用而修建。在现代，马道寓意转化为马到成功，步步高升。马道在当年的主要作用是在战争时，传输武器，运送兵力和粮草。登上城楼，举目远眺，可以看到茫茫戈壁滩，再远处便是巍峨壮丽的祁连山脉，山上皑皑白雪清晰可见。长城蜿蜒而去，宛如一条巍峨的巨龙，悠然苍穹。那一刻，我被这壮丽景象深深震撼，内心涌动着一股敬畏之情。收回目光，我们看到城墙上还有四个角楼，又称戍楼，是驻守士兵瞭望敌情的地方。身临其境地置身于嘉峪关，仿佛穿越了时空的隧道。古老的城墙，高耸挺拔，巍峨雄伟，展现了昔日战火的烽烟和守护的坚决。而今，没有了一较高下的摇旗呐喊，也听不到昔日的号角争鸣，这里繁华且喧嚣，摩肩接踵的游人踏至而来。我不禁感慨，"雄关"曾经金戈铁马，现在 56 个民族团结在一起一家亲。

据导游介绍，嘉峪关还有一块神奇的砖已放了 600 多年，至今没人敢动。据说修建城墙时，有一名叫易开占的工匠，精通九九算法。经他计算，修关所需砖块总数量是 99999 块。当时监督官说多一块少一块都要砍掉他的脑袋，并罚众工匠劳役三年。但是城墙修建完工后多出一块砖。监督官以此为理由，想要找易开占的麻烦。可是易开占从容说道,多出来的一块砖是神仙放在那里的,是"定关神砖",千万不能动,动了城墙就会倒塌。因此,这块砖至今仍放在那里,没人敢动。

出了西城门就是塞外,茫茫戈壁。古代出关也需要"护照"。古代的通关文件,在汉代叫作节,唐代称作符,到明代就叫作关照了。有关照才能走出关门。嘉峪关,作为丝绸之路的要地,中西方交往的门户,关照需要层层审批,非常严格。我们看到,西城门的道路已崎岖不平,条形石深深陷入路面,并且有两条明显的车辙印。这是由于当年商人来来往往,马车运送货物,日复一日、年复一年进进出出而造成的。古城嘉峪关,仿佛穿越了时光的长河,在石板路上留下了岁月的印记,每一块石头都是守护着城市记忆的见证。走在古城的街道上,我似乎能感受到古代人来往穿梭的脚步声,回荡在耳畔,如梦似幻。这条道路,见证了丝绸之路的繁荣景象。

之后,我又踏上了长城的征程。沿着蜿蜒曲折的城墙,我仿佛穿越了时光的隧道,回到了古代的战争岁月。不同于其他段落,嘉峪关的长城更显雄伟壮观,高大的城墙屹立在山岩上,气势非凡。站在城墙上,远眺烽火台和角楼,可以真切感受到古人筑墙守关的智慧和勇气。

壮丽的长城,如同一条巍峨的巨龙,蜿蜒在嘉峪关的山间。它是中华民族智慧和勇气的象征,也是中国古代防御工程的杰作,堪称世界建筑史上的奇迹。站在长城上,我被它的雄伟和壮观所震撼。

壮丽的长城,是中华民族的骄傲,也是人类文明的瑰宝。它的永恒和坚韧,启示着我们要像长城一样,坚守信念,继往开来,永不退缩。嘉峪关是中国古代的重要关隘,它历史悠久,见证了无数的风雨岁月。在古城墙上,我仿佛穿越了时空,感受到了古人智慧和勇气。这让我明白,历史是我们的根基,文化是我们的灵魂,我们应该铭记历史,传承文化,让我们的生命有意义。

嘉峪关周边的自然风光,如喀纳斯湖和雪狼雪峰,也让我沉浸在大自然的神奇与壮美之中。

在这片土地上,我还探索了当地的美食,品尝了烤全羊、手抓饭、手抓饼等独特的风味,每一道美食都让我回味无穷。这段旅程让我更加珍视生命中的每一个瞬间,用心去感受世界的美好和神奇;这段旅程将成为我人生中宝贵的记忆,也将成为我心灵深处的一份感动。

5.5 张掖丹霞

西北大地的辽阔画卷中,张掖丹霞地貌以其独有的绚烂色彩和磅礴气势,宛如天地间的一幅壮丽油画,让人心驰神往。近日,我有幸踏足这片神奇的土地,亲身体验了那份震撼与美丽。而在此之前,一部关于张掖丹霞地貌的影视作品,早已在我心中种下了对这片神奇景观的无限憧憬与向往。

该影视作品以"自然之美与人文情怀"为主题,巧妙地融合了张掖丹霞地貌的绝美风光与当地人民的生活故事,展现了自然与人文和谐共生的美好画面。影片通过细腻的镜头语言和深情的旁白,引领观众穿越千山万水,感受大自然的鬼斧神工,同时也深入挖掘了这片土地上蕴含的深厚文化底蕴和淳朴民风。

第一,视觉震撼。影片最直观的感受便是其无与伦比的视觉冲击力。随着镜头的缓缓推进,张掖丹霞那层层叠叠、色彩斑斓的山峦逐一展现在观众前,红、黄、橙、白、绿等多种色彩交织在一起,如同调色盘般绚烂多彩,让人仿佛置身于一个梦幻般的世界。这种视觉上的盛宴,无疑是对观众心灵的一次强烈震撼。

第二,人文情感。除了自然风光外,影片还着重描绘了当地人民的生活场景和情感世界。从晨曦中忙碌的农夫到黄昏下归家的牧人,从欢声笑语的孩子到慈祥的老人,影片通过一系列生动的人物形象和温馨的生活细节,展现了张掖人民勤劳质朴、热情好客的性格特点,以及他们对这片土地深沉的爱恋与敬畏。这种人文情感的融入,使得影片在展现自然之美的同时,也充满了浓厚的人情味和乡土气息。

第三,哲学思考。影片更深层次的价值在于它所引发的哲学思考。面对如此壮观的自然景观和淳朴的人文风情,观众不禁会思考人与自然的关系、文化的传承与保护等宏大命题。影片通过张掖丹霞地貌这一具象的载体,传达了一种对生命、自然、文化等深层次问题的关注和思考,引导观众在欣赏美景的同时,也能反思自身与周围环境的关系。

该影视作品不仅是一部展示张掖丹霞地貌自然风光的纪录片,更是一曲颂扬人与自然和谐共生的赞歌。它告诉我们,在追求经济发展的同时,我们不应该忽视对自然环境的保护和对文化遗产的传承。张掖丹霞地貌是大自然赋予我们的宝贵财富,我们应该像当地人民一样,用敬畏之心去呵护它、珍惜它;同时,我们也应该从这片土地上汲取智慧和力量,用我们的双手去创造更加美好的生活。

如诗似画的丹霞地貌是如何形成的?科学地说,它是漫长历史时期地壳运动的产物,是大自然鬼斧神工的杰作。丹霞地质构造是岩石堆积形成的,是红色砂岩经长期风化剥离和流水侵蚀,加之特殊的地质结构、气候变化以及风力等自然环境的影响,形成孤立的山峰和陡峭的奇岩怪石,主要发育于侏罗纪至第三纪的水平或缓倾的红色地层中,是巨厚红色砂、砾岩层中沿垂直节理发育的各种丹霞奇峰的总称。张掖丹霞主要由红色砾石、砂岩和泥岩组成,有明显的干旱、半干旱气候的印迹,以交错层理、四壁陡峭、垂直节理、色彩斑斓而示奇。

实地游览张掖丹霞地貌后,我更加深刻地体会到了影片所传达的意义和价值。站在那连绵起伏、色彩斑斓的山峦之巅,我仿佛能听到风的低语、山的呼唤,感受到大自然的生命力和创造力。这一刻,我深刻理解了人与自然和谐共生的重要性,也更加坚定了保护环境的决心。

张掖丹霞地貌不仅仅是一片自然景观,它还承载着丰富的历史文化内涵和民族精髓。作为新时代的青年,我们有责任也有义务去传承和弘扬这份宝贵的文化,让更多的人了解它、欣赏它、爱护它。同时,我们也应该积极参与到环境保护的行动中来,用自己的实际行动去守护我们共同的家园。

5.6 雷台汉墓

我们一行人来到美丽的古城武威市,在这里我了解并亲眼所见古诗里面的凉州。在这里让我们看到孟浩然的"坐看今夜关山月,思杀边城游侠儿",品岑参的《凉州词》"凉州七里十万家,胡人半解弹琵琶",还有中唐诗人张籍的"边将皆承主恩泽,无人解道取凉州",更感受到了葡萄美酒夜光杯的沙场斗志……

武威古称凉州,是丝绸之路自东而西进入河西走廊的第一城,南靠祁连山,东北抵腾格里沙漠,西邻肃南裕固族自治县,为"通一线于广漠,控五都之咽喉"的要塞之地。在战国和秦代时期这里为月氏人活动地区,西汉初为匈奴人所占据。西汉元狩二年,汉武帝派大将军霍去病征服河西,设武威郡,武威以军威而得名。三国时,为凉州郡。东晋、十六国时,汉族张轨建立前凉,鲜卑族秃发为南凉和匈奴族沮渠蒙逊的北凉,都曾以凉州为国都。

武威市作为古丝绸之路上的重镇,文化底蕴深厚,旅游资源丰富,地处甘肃省河西走廊东端,是"中国旅游标志之都""中国葡萄酒的故乡""西藏归属祖国的历史见证地"和"世界白牦牛唯一产地",素有"银武威"之称。这里更是出土了铜奔马,也称作马踏飞燕、马超龙雀等,被确定为中国旅游标志,也被誉为"古典艺术品的最高峰"。武威历来出产良马,有"凉州大马,横行天下"的盛誉,马踏飞燕青铜雕塑,可能正是凉州大马的艺术写照,体型矫健,昂首扬尾,造型优美,神态若飞。三足凌空,右后足下踏展翅欲飞、回首惊视的飞燕,绝尘而去!其既符合艺术的浪漫夸张,又符合力学平衡原理,给人以美的享受和无限想象:昂首嘶鸣,疾蹄奔驰!力量、激情、速度……表现得淋漓尽致!

在导游带领下,我们一起去参观了武威的雷台汉墓。

雷台位于甘肃武威城区北关中路,占地面积 12.4×10^4 m²。1983 年,雷台被公布为甘肃省重点文物保护单位;2001 年 6 月 25 日雷台汉墓被国务院公布为第五批重点文物保护单位。现雷台保存基本完好,长 106 m,宽 60 m,高 8.5 m。台上有明清时期的建筑群雷祖殿、三星斗姆等 10 座。其建筑雄伟,规模宏大,周围古树参天,碧波荡漾,是丝绸之路上闻名遐迩的旅游观光胜地。

我们从雷台汉墓景区的正门进入,首先进入马踏飞燕的主题雕塑广场,广场里矗立着仿马踏飞燕的青铜雕塑。

继续向里走,就能看到反映了汉代官侯乘车骑马外出的礼仪规制的汉代铜车马的青铜雕塑群(仿制)。

接着往里走的时候,在这里我认识了以前没见过梓树。刚开始我以为是楸树,楸树在山东多见,梓树和楸树属于同科同属,只在花色和叶子上略有区别。这一棵见证过时代变迁的百年茂盛大树——梓树,把我的思绪带到了过去,很久很久以前的东汉。

根据出土马俑胸前的铭文记载,雷台汉墓应该是一个张姓将军和他妻子的合葬墓。这座雷台汉墓,虽遭盗墓贼的多次盗掘,但还是出土了金、银、铜、铁、玉、骨、石和陶器等文物 231 件,古钱币 3 万枚,被史学界称为一座丰富的"地下博物馆"。在出土的车马出行队伍前面,有一匹开路的铜马——"马踏飞燕"。

置身其中的我,跟随导游沿着低矮狭长的甬道,弓身进入这座历史文化之殿堂。雷台汉墓为大型砖石墓葬,两座墓葬均建于夯土筑成的土台(雷台)下。1 号墓为夫妻合葬墓,规格较高。其墓门向东,由长斜坡墓道、甬道、前室(附左、右耳室)、中室(附右耳室)、后室组成。有正寝便殿,便殿是正寝的附属建筑。墓门上方有砖雕门阙一座,墓室总长 19.34 米,条砖砌筑,覆斗顶,藻井方砖绘大型莲花图案。在这里我们见证了那口全国至今唯一保存完整的汉井遗迹,它又以《见钱眼开》《前程远大》等神奇传说吸引了国内外众多游客的眼球。古井位于雷台东南角,距 1 号汉墓墓道入口 2 米处,贯穿了整个夯土层,与墓道相邻,一直修到古墓中。古井深 12.8 m,其开口处直径 0.95 m,井底直径 0.86 m,而井中部的直径达 1.15 m。古井是用典型的汉代古薄砖砌成。砖与砖之间没有使用任何黏合材料,经历了 1000 多年的历史,井壁的砖大部分已经严重风化,只有井底的部分壁砖仍保存良好。井底部以"人"字形方式砌成,在我国考古中也不多见。我们将一元钱扔进去,发现钱币在视觉上真的会变大,这古井真不愧是"见钱眼开"井。我在此祈福祝愿,希望我们的文物被更多地发现,更好地展现,希望不再有盗墓,让丢失的文物能重现我们的面前。根据资料记载,汉朝人居住的房屋布局一般是

"前中后三室"。在 1 号汉墓，人们就可以看到这样的布局，如前院、中堂和后寝室。2 号墓形制与 1 号墓相似，只是规模不及，且无耳室。

在雷台汉墓的旁边，还有一座雷台汉墓博物馆，里面详细介绍了汉墓和雷台的情况，以及墓室出土文物，展出了部分当年出土的青铜仪仗车辆的原件。铜车马仪仗队真实表现了"车辚辚、马萧萧"的壮观场面，充分体现了当时无名工匠的高度智慧和创造才能，显示了汉代青铜雕铸艺术、群体铜雕的杰出成就，真是让人叹为观止。这里是详细了解雷台汉墓最佳的资料信息馆。汉墓出土的器物有陶器、铜连枝灯、大铜壶、耳杯、银印章、玉饰、铜奔马、铜牛、铜俑等。这里面我最感兴趣的是一个叫龟形铜灶的文物。它高 5.5 cm，长 21 cm，宽 13.5 cm，整体呈龟形，龟首高昂，张口为烟筒，龟背为灶面，开圆形三釜孔，上置三釜，前二后一，平底，四兽足，保存基本完整，铸造精美，具有比较重要的历史和科学价值。灶台布局科学合理，体现了我国古代人的聪明才智，前二是温灶，后一是火灶，造型生动写实，具有浓郁的生活气息。

走出雷台，我的思绪仍久久停留在那东汉时期。昂首翘尾的天马虽已腾空而去，但汉墓里久聚不散的奔马形象在脑海仍挥之不去。

回想起一天的凉州行，不禁感慨：

如果雷台不是人杰地灵的地方，这匹名扬四海的天马怎会从这里腾飞？

若不是天马留下千秋万代的绝唱，这座雷台又怎能这样令人神往？

是天马使雷台成为名胜古迹，还是雷台使天马扬名万里？

历史和天马互相欣赏，互赠翅膀。

天马和雷台一道腾飞，千古留名。

第四章　黄河宁夏流域生态研学

核心素养

文化基础／人文底蕴／人文情怀

文化基础／科学精神／勇于探索

社会参与／责任担当／社会责任

社会参与／实践创新／问题解决

学习方式

查阅信息、交流访问、野外调查、讨论与展示

研学五问

1. 如何在给定的生态研学项目中开展一项个性化创新课题研究？

2. 如何完善这一项个性化创新课题？

3. 开展这一项个性化创新课题需要做哪些准备？

4. 你打算如何展示该项创新课题成果？

5. 你有什么收获和体会？

研究目的:组织实施黄河宁夏流域生态研学,开展土壤和水体调查研究,科学评价,为黄河宁夏流域土壤保护和水质维持提供依据。

研究方法:以贺兰山岩画景区、沙湖景区、水洞沟景区、西夏风情园景区为实验组,随机挖取表层土样约 1 kg 各 5 份封袋,带回实验室检测 pH、全氮、氨氮、硝氮、全磷,分析评价土壤养分。以沙坡头景区、青铜峡景区、中华黄河楼景区、沙湖景区、水洞沟景区为实验组,随机采集景区内河流湖泊表层水样约 1 L 各 5 份装瓶,带回实验室检测 pH、溶解氧、电导率、浊度、高锰酸盐指数、氨氮、总磷、总氮,沙湖景区和水洞沟景区水样加测藻细胞密度和叶绿素 a 含量,分析评价水质。

调查结果:(1)土壤 pH:8.29 ～ 8.57;全氮:0.47 ～ 1.60 g/kg;氨氮:0.05 ～ 0.19 g/kg;硝氮:0.00 ～ 0.03 g/kg;全磷:0.50 ～ 2.22 g/kg。(2)水体 pH:8.14 ～ 8.66;溶解氧:7.54 ～ 11.37 mg/L;电导率:678.0 ～ 1741.0 μS/cm;浊度:8.0 ～ 266.0 NTU;高锰酸盐指数:1.57 ～ 17.14 mg/L;氨氮:0.030 ～ 0.050 mg/L;总磷:0.020 ～ 0.060 mg/L;总氮:0.64 ～ 2.83 mg/L。

研究结论:(1)贺兰山土壤全氮、全磷养分等级优;沙湖、水洞沟土壤全氮养分等级差,全磷养分等级优;西夏风情园土壤全氮养分等级差。综合评价:贺兰山＞沙湖＞水洞沟＞西夏风情园。(2)沙坡头水体溶解氧、高锰酸盐指数、氨氮评价均为Ⅰ类水,总磷评价为Ⅱ类水,总氮评价为Ⅴ类水;青铜峡水体溶解氧、氨氮、总磷评价均为Ⅱ类水,高锰酸盐指数、总氮评价均为劣Ⅴ类水;中华黄河楼水体溶解氧、高锰酸盐指数、氨氮评价均为Ⅰ类水,总磷评价为Ⅱ类水,总氮评价为劣Ⅴ类水;沙湖水体溶解氧、高锰酸盐指数、氨氮评价均为Ⅰ类水,总磷评价为Ⅲ类水,总氮评价为劣Ⅴ类水;水洞沟水体溶解氧、氨氮评价均为Ⅰ类水,高锰酸盐指数、总磷、总氮评价均为Ⅲ类水。整体上看,黄河宁夏流域青铜峡水域高锰酸盐指数、总氮含量超标,中华黄河楼水域总氮含量超标。

1 项目背景

"黄河西来决昆仑,咆哮万里触龙门。"宁夏,因黄河而生,因黄河而兴,是全国唯一全境属于黄河流域的省份。黄河干流自中卫市南长滩入境,流经卫宁灌区到青铜峡水库,出库入青铜峡灌区至石嘴山头道坎以下麻黄沟出境,区内河长397 km,占黄河全长的7%,多年平均过境水量306.8亿 m^3,是宁夏主要的供水水源(吕霞,2020;蔡宁曦等,2023)。

2020年6月8日,习近平总书记在宁夏考察调研时指出,要把保障黄河长治久安作为重中之重,实施河道和滩区综合治理工程,统筹推进两岸堤防、河道控导、滩区治理,推进水资源节约集约利用,统筹推进生态保护修复和环境治理,努力建设黄河流域生态保护和高质量发展先行区。

2 项目研究意义

本研究团队在2021年5月赴黄河宁夏流域开展调查(图4-1),在2021年5月采集土样和水样,据此做生态保护与高质量发展评价。

图4-1　2021年5月黄河宁夏流域调查合影

图 4-1（续） 2021 年 5 月黄河宁夏流域调查合影

3 调查方法及过程

3.1 研究区域

贺兰山岩画景区,位于宁夏回族自治区银川市贺兰山东麓。岩画是人类在岩石上绘制和凿刻的图画,生动记录了数千年前原始先民放牧、祭祀、狩猎、征战、生产等生活场景,成为今天我们研究人类文化史、宗教史、原始艺术史的文化宝库。2018 中国黄河旅游大会上,贺兰山岩画景区被评为"中国黄河 50 景",现为全国重点文物保护单位、国家 4A 级旅游景区(薛正昌,2004;杨有贞等,2023)。

沙湖景区,位于宁夏回族自治区石嘴山市平罗县,景区总面积为 80.1 km²,其中水域面积 45 km²,沙漠面积 22.5 km²。沙湖是古河道型湖泊,由黄河古河道洼地经过山洪刨蚀、地下水溢出汇集,并接受大气降水和地表水的补给而形成。湖水深度 2～3 m。沙湖主要景点有沙湖国际沙雕园、鸟岛(百鸟乐园)、湖东湿地(鸟类观测站)、新门区广场、沙湖题字石。2018 中国黄河旅游大会上,沙湖景区被评为"中国黄河 50 景",现为国家 5A 级旅游景区(邱小琼等,2012;史舸,2024)。

水洞沟景区,位于宁夏回族自治区灵武市临河镇,占地面积 7.8 km²,是中国最早发掘的旧石器时代文化遗址,被誉为"中国史前考古的发祥地""中西方文化交流的历史见证",其北方明代古长城、"横城大边"、烽燧墩台、城障堡寨、藏兵洞窟等构成中国保存最为完整的军事防御建筑大观园。2018 中国黄河旅游大会上,水洞沟景区被评为"中国黄河 50 景",现为全国重点文物保护单位,国家 5A 级旅游景区,国家级地质公园(高星等,2013;马强,2023)。

西夏风情园景区,位于宁夏回族自治区银川市西夏区。以西夏文化为主题,以实景演艺为主要表现形式,是集休闲观光体验、科普教育示范、红酒文化品鉴、餐饮娱乐服务等于一体的高规格、多功能的绿色旅游示范基地,景区占地 2500 余亩(1 亩 ≈ 666.7 m²)。现为国家 4A 级旅游景区(孔维达,2016)。

沙坡头景区,位于宁夏回族自治区中卫市腾格里沙漠,长约 38 km,宽约 5 km,海拔 1500 m,总面积 46 km²。沙坡头集大漠、黄河、高山、绿洲为一处,具西北风光之雄奇,兼江南景色之秀美。这里有中国最大天然滑沙场,有"天下黄河第一索",有黄河文化代表古老水车,有黄河上最古老运输工具羊皮筏子。2018 中国黄河旅游大会上,沙坡头景区被评为"中国黄河 50 景",现为国家级沙漠生态自然保护区、国家 5A 级旅游景区(马风云等,2006;雷红平等,2024)。

青铜峡景区,位于宁夏回族自治区吴忠市,是黄河上游最后一道峡谷。青铜峡拦河大坝、宁夏水利博览馆、一百零八塔、大禹文化园、十里长峡、鸟岛、牛首山西寺、中华黄河坛等众多景点坐落在黄河两岸,集中展现了黄河文化、西夏文化、回族文化以及塞上江南风光。2018 中国黄河旅游大会上,青铜峡景区被评为"中国黄河 50 景",现为国家 5A 级旅游景区(张晴雯等,2010;朱磊等,2024)。

中华黄河楼景区,位于宁夏回族自治区青铜峡市黄河西岸,主楼体高 108 m,建筑由主楼、角楼、牌楼、12 生肖图腾柱、镇河铁牛等附属建筑和雕塑组成,总建筑面积 2.2 万 m²,仿明清塔楼式古建筑,集中展示了黄河文化、灌溉文化、农耕文化、回族文化和黄河新韵,反映了黄河金岸的灵魂。其原为国家 4A 级旅游景区,2023 年 2 月因景区综合管理达不到 4A 级旅游景区的标准要求,被取消国家 4A 级旅游景区质量等级(韩文涛等,2014)。

3.2 研究方法

实验室分析测定土壤 pH、全氮、氨氮、硝氮、全磷含量。全氮、氨氮、硝氮依据《LY/T 1228—2015 森林土壤氮的测定》,采用凯氏定氮法和滴定法测定;全磷依据《LY/T 1232—2015 森林土壤磷的测定》,采用碱熔－钼锑抗分光光度法测定。本次检测由曲阜师范大学生命科学学院完成。

实验室分析测定水体 pH、溶解氧、电导率,浊度、高锰酸盐指数、氨氮、总磷、总氮、细胞密度和叶绿素 a 含量。本次检测由临沂市科学探索实验室完成。

4 调查结果

4.1 土壤养分差异

检测分析黄河宁夏流域贺兰山景区、沙湖景区、水洞沟景区、西夏风情园景区土壤养分指标全氮、氨氮、硝氮、全磷含量差异(表 4-1)。

表 4-1 黄河宁夏流域贺兰山、沙湖、水洞沟、西夏风情园景区土壤养分　　（单位:g/kg）

指标	贺兰山	沙湖	水洞沟	西夏风情园
pH	8.29±0.12	8.57±0.08	8.51±0.07	8.57±0.04
全氮	1.60±0.35	0.53±0.14	0.47±0.13	0.64±0.14
氨氮	0.17±0.04	0.11±0.04	0.05±0.03	0.19±0.05
硝氮	0.02±0.01	0.01±0.01	0.03±0.03	0.00±0.00
全磷	0.82±0.15	2.22±0.42	1.74±0.46	0.50±0.05

土壤全氮含量:贺兰山＞西夏风情园＞沙湖＞水洞沟;土壤氨氮含量:西夏风情园＞贺兰山＞沙湖＞水洞沟;土壤硝氮含量:水洞沟＞贺兰山＞沙湖＞西夏风情园;土壤全磷含量:沙湖＞水洞沟贺＞兰山＞西夏风情园。

4.2 土壤养分评价

依据《第二次全国土壤普查技术规程》土壤养分分级标准,采用土壤全氮、全磷两种养分指标,分别评价黄河宁夏流域贺兰山景区、沙湖景区、水洞沟景区、西夏风情园景区土壤养分等级(表 4-2)。

表 4-2 黄河宁夏流域贺兰山、沙湖、水洞沟、西夏风情园景区土壤养分等级

指标	贺兰山	沙湖	水洞沟	西夏风情园
全氮	1～4 级	2～6 级	4～6 级	2～5 级
全磷	1～4 级	1～5 级	1～2 级	3～4 级

贺兰山土壤全氮、全磷养分等级优;沙湖、水洞沟土壤全氮养分等级差,全磷

养分等级优;西夏风情园土壤全氮养分等级差。综合评价:贺兰山>沙湖>水洞沟>西夏风情园。

4.3 水质分析

检测分析黄河宁夏流域沙坡头景区、青铜峡景区、中华黄河楼景区、沙湖景区、水洞沟景区水质指标 pH、溶解氧、电导率、浊度、高锰酸盐指数、氨氮、总磷、总氮含量差异(表 4-3)。

表 4-3　黄河宁夏流域沙坡头、青铜峡、中华黄河楼、沙湖、水洞沟景区水质

指标	沙坡头	青铜峡	中华黄河楼	沙湖	水洞沟
pH	8.34±0.00	8.45±0.01	8.14±0.00	8.28±0.01	8.66±0.00
溶解氧	8.45±0.02	7.54±0.01	8.81±0.04	11.37±0.48	9.33±0.13
电导率	678±4.78	757±4.57	761±4.04	737±1.71	1741±79.96
浊度	145±16.35	93±4.20	266±12.67	8±0.12	53±4.77
高锰酸盐指数	1.82±0.18	17.14±0.00	1.87±0.03	1.57±0.03	4.78±0.29
氨氮	0.03±0.00	0.03±0.00	0.05±0.02	0.03±0.00	0.03±0.00
总磷	0.05±0.00	0.02±0.01	0.06±0.00	0.04±0.01	0.03±0.00
总氮	1.94±0.05	2.66±0.13	2.83±0.07	1.69±0.01	0.64±0.03

注:溶解氧、高锰酸盐指数、氨氮、总磷、总氮单位均为 mg/L;电导率单位为 μS/cm;浊度单位为 NTU。

水体 pH:水洞沟>青铜峡>沙坡头>沙湖>中华黄河楼;水体溶解氧含量:沙湖>水洞沟>中华黄河楼>沙坡头>青铜峡;水体电导率:水洞沟>中华黄河楼>青铜峡>沙湖>沙坡头;水体浊度:中华黄河楼>沙坡头>青铜峡>水洞沟>沙湖;水体高锰酸盐指数:青铜峡>水洞沟>中华黄河楼>沙坡头>沙湖;水体氨氮含量:中华黄河楼>沙坡头=青铜峡=沙湖=水洞沟;水体总磷含量:中华黄河楼>沙坡头>沙湖>水洞沟>青铜峡;水体总氮含量:中华黄河楼>青铜峡>沙坡头>沙湖>水洞沟。

4.4 水质评价

根据《GB 3838—2002 地表水环境质量标准》,采用水体溶解氧、高锰酸盐指数、氨氮、总磷、总氮含量单一指标,分别评价黄河宁夏流域沙坡头景区、青铜峡景区、中华黄河楼景区、沙湖景区、水洞沟景区河流和湖泊水质(表 4-4)。

表 4-4　黄河宁夏流域沙坡头、青铜峡、中华黄河楼、沙湖、水洞沟景区水质评价

指标	沙坡头	青铜峡	中华黄河楼	沙湖	水洞沟
溶解氧	Ⅰ类水	Ⅰ类水	Ⅰ类水	Ⅰ类水	Ⅰ类水
高锰酸盐指数	Ⅰ类水	劣Ⅴ类水	Ⅰ类水	Ⅰ类水	Ⅲ类水
氨氮	Ⅰ类水	Ⅰ类水	Ⅰ类水	Ⅰ类水	Ⅰ类水
总磷	Ⅱ类水	Ⅰ类水	Ⅱ类水	Ⅲ类水	Ⅲ类水
总氮	Ⅴ类水	劣Ⅴ类水	劣Ⅴ类水	Ⅴ类水	Ⅲ类水

沙坡头水体溶解氧、高锰酸盐指数、氨氮单一指标评价均为Ⅰ类水,总磷评价为Ⅱ类水,总氮评价为Ⅴ类水;青铜峡水体溶解氧、氨氮、总磷单一指标评价均为Ⅱ类水,高锰酸盐指数、总氮评价均为劣Ⅴ类水;中华黄河楼水体溶解氧、高锰酸盐指数、氨氮单一指标评价均为Ⅰ类水,总磷评价为Ⅱ类水,总氮评价为劣Ⅴ类水;沙湖水体溶解氧、高锰酸盐指数、氨氮单一指标评价均为Ⅰ类水,总磷评价为Ⅲ类水,总氮评价为劣Ⅴ类水;水洞沟水体溶解氧、氨氮单一指标评价均为Ⅰ类水,高锰酸盐指数、总磷、总氮评价均为Ⅲ类水。整体上看,黄河宁夏流域青铜峡水域高锰酸盐指数、总氮含量超标,中华黄河楼水域总氮含量超标。

4.5 水质相关性

相关性分析显示,水体 pH 与电导率、浊度、高锰酸盐指数极显著正相关($p < 0.01$),与氨氮含量显著正相关($p < 0.05$),与溶解氧、总氮含量极显著负相关($p < 0.01$);水体溶解氧与电导率、浊度、高锰酸盐指数极显著负相关($p < 0.01$),与总氮含量极显著正相关($p < 0.01$),与总磷含量显著正相关($p < 0.05$);水体电导率与浊度、高锰酸盐指数极显著正相关($p < 0.01$),与总氮含量极显著负相关($p < 0.01$);水体浊度与高锰酸盐指数极显著正相关($p < 0.01$),与总氮含量极显著负相关($p < 0.01$);水体高锰酸盐指数与总氮含量极显著负相关($p < 0.01$);水体氨氮与总磷含量显著负相关($p < 0.05$)(表 4-5)。

表 4-5　黄河宁夏流域沙坡头、青铜峡、中华黄河楼、沙湖、水洞沟景区水质相关性

指标	pH	溶解氧	电导率	浊度	高锰酸盐指数	氨氮	总磷
pH	1.000	—	—	—	—	—	—
溶解氧	−0.631**	1.000	—	—	—	—	—
电导率	0.938**	−0.684**	1.000	—	—	—	—

续表

指标	pH	溶解氧	电导率	浊度	高锰酸盐指数	氨氮	总磷
浊度	0.904**	-0.691**	0.885**	1.000	—	—	—
高锰酸盐指数	0.929**	-0.700**	0.862**	0.887**	1.000	—	—
氨氮	0.412*	-0.140	0.202	0.216	0.199	1.000	—
总磷	-0.172	0.400*	-0.200	-0.206	-0.180	-0.040	1.000
总氮	-0.985**	0.668**	-0.951**	-0.888**	-0.891**	-0.459*	0.191

注:**$p < 0.01$;*$p < 0.05$。

5 研学体会

5.1 贺兰山

贺兰山位于宁夏回族自治区,是中国著名的山脉之一。这里的山峦起伏,峰峦叠嶂,景色壮美。而隐藏在这片山脉中的岩画景区,更是令人叹为观止。这些岩画是古人用石头、骨头等工具刻画而成,每一幅岩画都是一个历史的见证,让我们得以一窥千年前的风貌。

走进贺兰山岩画景区,首先映入眼帘的是那些栩栩如生的岩画。它们或描绘了古人狩猎、放牧的场景,或展现了古代祭祀、战斗的画面。在这些岩画中,我们可以看到古人的智慧和勇敢,感受到他们对自然的敬畏和对生命的热爱。

在贺兰山岩画景区,我们还可以看到许多神秘的遗迹。这些遗迹或许是古代城堡的遗址,或许是古道的痕迹,又或许是神秘的石阵。这些遗迹都蕴含着丰富的历史信息,让我们不禁想象古人在这里曾经发生过的种种故事。在这里,我们可以放慢脚步,静静地感受历史的气息,聆听那些遥远的呼唤。

除了欣赏岩画和遗迹,贺兰山岩画景区还有丰富的自然资源。这里的山峰巍峨壮观,山谷幽深秀丽,河流清澈见底。我们可以在这里徒步、攀岩、探险,感受大自然的鬼斧神工。此外,这里还有丰富的野生动植物资源,让我们在欣赏美景的同时,也能感受到生命的活力。

贺兰山岩画景区,是一个值得每一个热爱历史、热爱文化的人去探索的地方。在这里,你可以感受到历史的厚重,可以了解古人的生活,可以领略大自然的魅力。这是一次穿越千年的旅行,这是一次与历史的对话。如果你也对历史有着无尽的好奇和热爱,那么,贺兰山岩画景区一定会让你流连忘返。

5.2 沙湖

春日的阳光洒在沙湖之上,金光闪闪的湖面如同一面镜子,映照着天空的蔚蓝和白云的轻盈。此刻,我站在沙湖边,心中充满了对大自然的敬畏与赞美。

沙湖位于宁夏回族自治区中卫市,是一片沙漠与湖泊和谐共生的自然奇观。湖水清澈透明,湖底的沙子细腻柔软,仿佛是大自然特意为人们铺设的一条金色地毯。而湖边的沙丘则是这片地毯的守护者,它们静静地屹立在那里,见证着沙湖的每一次变化。

时而湖面上的水雾被阳光照射得五彩斑斓,如同仙境一般,此时的沙湖宁静而又神秘。时而太阳高照,湖面上波光粼粼,沙丘的影子在水面上摇曳,形成了一幅美丽的画面。时而湖面变得金黄色,沙丘也被染成了金黄色,整个沙湖就像是被黄金覆盖。

除了美丽的景色,沙湖还有丰富的生物资源。各种鱼儿在湖水中游来游去,鸟儿在湖面上飞翔,小动物在沙丘上忙碌着。这些生命的存在,让沙湖变得更加生动和有趣。走在沙湖边,你可以感受到大自然的力量和魅力。沙丘上的沙子细腻柔软,每一步踩下去都像是走在棉花上。而湖水则清澈透明,你甚至可以看到水底的每一颗沙子。这种亲近自然的感觉,让人感到无比的舒适和放松。

沙湖是一片美丽的自然景观,它的美丽和魅力让人无法忘怀。如果你是喜欢大自然的人,那么一定不要错过这个地方。让我们一起来到沙湖,感受大自然的美丽和魅力吧!

5.3 水洞沟

在宁夏回族自治区中卫市,有一处名为水洞沟的地方,它以独特的地质风貌和丰富的历史文化遗产吸引着无数的游客。这里的每一寸土地都充满了神秘和魅力,仿佛是一本翻开的历史书,让人们在欣赏美景的同时,也能感受到那份厚重的历史和文化。这里是中国最早的人类文化遗址之一,被誉为"中国史前考古的摇篮"。

我们首先参观了水洞沟遗址博物馆。馆内陈列着各种史前文物,包括石器、骨器、陶器等,每一件都是历史的见证。我被一件件精美的石器所吸引,它们的形状各异,有的尖锐如刀,有的平滑如镜,让人不禁想象远古时期的人们是如何用这些简陋的工具创造出如此美妙的艺术。

接着,我们来到了水洞沟遗址。这是一个巨大的地下溶洞,内部有着复杂的地质结构和丰富的文化遗存。我们在导游的讲解下,了解了水洞沟的历史演变和文化内涵。原来,这里是新石器时代的一个大型聚落,人们在这里狩猎、捕鱼、制陶、繁衍生息,留下了丰富的文化遗产。这些遗址包括了古代人类的居住地、墓葬、烧制陶器的窑址等,可以让游客直观地感受到古代人类在这里生活的场景。这些遗址中的陶器、石器等文物,都是古代人类智慧的结晶,让游客对古代文明有了更深的了解。

参观完水洞沟,我们还去了附近的红山文化遗址。这里有着独特的红色岩石、形态各异的岩画,以及神秘的祭祀场所,都让我们对红山文化有了更深的理解。

除了自然景观和历史遗迹外,水洞沟还有丰富的民俗文化。这里的居民主要是回族人民,他们保持着自己独特的生活方式和传统文化。在这里,你可以品尝到地道的回族美食,如羊肉泡馍、手抓饭;可以看到回族人民的歌舞表演,感受到他们的热情和欢乐。

水洞沟的美,不仅仅是自然景观的美,更是历史和文化的美。这里的每一处景色,每一件文物,都在诉说着这里的历史和文化。这次的水洞沟之旅,让我深深地感受到了历史的厚重和文化的魅力。我仿佛看到了远古的人们在这里生活、繁衍的场景,感受到了他们对生活的热爱和对自然的敬畏。对于我来说,这不仅是一次寻访历史的旅程,更是一次对人类文化的深入理解和思考。

在回程的路上,我一直在回味这次的旅程。我想,这就是旅行的魅力吧,它让我们有机会去接触那些遥远的历史和文化,让我们有机会去感受那些我们从未体验过的生活。

5.4　西夏风情园

位于银川市的西夏风情园,是一个充满神秘色彩的地方。它以其独特的西夏文化和美丽的自然风光,吸引了无数的游客。

一进入西夏风情园,我就被眼前的景色所震撼。蓝天白云下的园区,绿树成荫,鸟语花香,仿佛置身于一片人间仙境。而那些古老的建筑,更是让人感到了浓厚的历史气息。映入眼帘的是高大的城门,仿佛是时光的门扉,引领我们走进了西夏的世界。

城门上镶嵌着精美的图案,每一个细节都充满了艺术的气息。我不禁想象,当年那些身着华丽服饰的西夏人,是否也是通过这扇门,走向了他们的生活。

接着,我走进了一座座看起来古老的仿古建筑。这些建筑都是按照西夏的风格建造的,每一砖每一瓦都充满了历史的韵味。

在园区里,我还看到了许多有趣的表演,每一种表演都让我眼前一亮。尤其是那些西夏舞蹈,舞者们身着华丽的服装,随着音乐的节奏翩翩起舞,那种美,让人无法用语言来形容。

当然,西夏风情园不仅仅是历史和文化的展示,它还是一个自然的乐园。园区内有各种各样的植物,还有一片湖泊,湖水清澈见底,湖边的柳树轻轻摇曳,一切都让人感到了大自然的宁静和美好。

我在湖边坐下,静静地欣赏着这一切:孩子们在草地上奔跑,老人们在树下聊天,情侣们在湖边散步……我突然明白,西夏风情园不仅是一个展示西夏文化的地方,它更是一个让人们放松身心、享受生活的地方。

西夏风情园,让我深深地感受到了西夏文化,也让我更加热爱这个美丽的城市。我想,我会再次来到这里,再次感受这里的美丽和魅力。

5.5 沙坡头

我一直对沙漠有着莫名的向往,那种无尽的广阔和寂静,仿佛可以吞噬一切。这次,我终于有机会来到了中国的著名沙漠景区——沙坡头。

沙坡头位于宁夏回族自治区中卫市,是中国四大沙漠之一的腾格里沙漠的一部分。这里不仅有壮丽的沙漠风光,还有丰富的文化遗产。

一踏进沙坡头,我就被眼前的景色所震撼。金色的沙丘连绵起伏,像一座座金色的城堡,而天空是那么蓝,那么清澈,仿佛能让人可以看到宇宙的边缘。我站在沙丘之巅,感受着风吹过我的脸颊,那种感觉无法用语言来形容。

坐在骆驼背上,随着骆驼的步伐,我在沙漠中穿梭。那种颠簸的感觉让我想起了小时候骑在爸爸肩膀上的感觉,那种安心和快乐让我忍不住笑出声来。这里的绿洲是沙漠中的一片生命之地,一些植物在这片沙土中顽强生长。

站在沙丘上,眼前的景色让我惊叹不已。那一片金黄色的沙丘,就像一幅巨大的油画,每一笔都充满了生命的力量。我沿着蜿蜒曲折的沙道向前走去,每一步都能感受到沙子在脚下的流动。那种感觉,就像是走在时间的长河中,倾听每一粒沙子诉说千年的故事。我不禁想起了古代的丝绸之路上那些勇敢的商人和驼队在这里留下了深深的足迹。

在沙坡头景区,我还体验了一次刺激的沙漠滑板。坐在滑板上,我感觉自己就像一只沙漠之鹰,翱翔在那片金色的天空中。那种速度和激情,让我忘记了一切的疲惫和困扰。

离开沙坡头景区的时候,我回头看了一眼那片金色的沙丘,心中充满了感慨。这次的旅行,让我实现了自己的沙漠梦,也让我认识了大自然的鬼斧神工。我相信,那片金色的沙丘,将会永远留在我的记忆中。

沙坡头景区是一个值得一游的地方。无论是那些壮观的沙丘,还是那些丰富的活动,都会让你感受到沙漠的魅力。如果你也有和我一样的沙漠梦,那么,沙坡头景区绝对是一个不能错过的地方。

5.6 中华黄河楼

我一直对黄河有着深深的向往,这条孕育了中华民族的母亲河,总是给我无尽的想象。

当我走进中华黄河楼的大门,首先映入眼帘的是一尊巨大的黄河母亲雕像。她面容慈祥,双手托起婴儿,象征着黄河的养育之恩。雕像下,一条蜿蜒曲折的黄河模型流淌着,仿佛是真实的黄河穿越了千年的时间,从远古流到了现在。

我沿着小径向前走,沿途绿树成荫,鲜花盛开,空气中弥漫着清新的泥土气息。不远处,一座高大壮观的建筑吸引了我的目光,那就是中华黄河楼。这座楼的设计独特,融合了古代建筑的韵味和现代建筑的线条美,让人不得不赞叹设计者的智慧。

登上中华黄河楼,我被眼前的景色深深吸引。远处的黄河如同一条金色的带子,在阳光的照耀下闪闪发光。近处的城市、田野、山川构成了一幅美丽的画卷,让我感受到了大自然和人类的和谐共存。

我在中华黄河楼里参观了一场关于黄河文化的展览。展览中,我看到了许多珍贵的文物和历史资料,了解了黄河的历史变迁和文化内涵。我惊叹于黄河的伟大,也感叹于人类对母亲的尊重和感激。

参观完中华黄河楼,我又来到了黄河畔。河水在阳光的照射下波光粼粼,河岸边的柳树轻轻摇曳,仿佛在向我招手。我走在河边的小路上,感受着黄河的气息,心中充满了敬畏和感动。

这次宁夏中华黄河楼的旅行让我深深地感受到了黄河的魅力和伟大。我想,这就是我对黄河的向往吧,她是那么的神秘、那么的壮丽。我希望未来还能有机会来到这个地方,再次感受黄河的魅力。

第五章　黄河内蒙古流域生态研学

核心素养

文化基础 / 人文底蕴 / 人文情怀

文化基础 / 科学精神 / 勇于探索

社会参与 / 责任担当 / 社会责任

社会参与 / 实践创新 / 问题解决

学习方式

查阅信息、交流访问、野外调查、讨论与展示

研学五问

1. 如何在给定的生态研学项目中开展一项个性化创新课题研究？

2. 如何完善这一项个性化创新课题？

3. 开展这一项个性化创新课题需要做哪些准备？

4. 你打算如何展示该项创新课题成果？

5. 你有什么收获和体会？

研究目的:组织实施黄河内蒙古流域生态研学,开展土壤和水体调查研究,科学评价,为黄河内蒙古流域土壤保护和水质维持提供依据。

研究方法:以响沙湾景区、成吉思汗陵景区为实验组,以昭君博物院景区、将军衙署景区为对照组,随机挖取表层土样约1 kg封袋,带回实验室检测7种养分指标和10种重金属指标,分析评价土壤养分和重金属含量。以黄河内蒙古流域黑柳子、三盛公、磴口、头道拐、喇嘛湾、大黑河口断面为实验组,随机采集表层水样约1 L各5份装瓶,带回实验室检测pH、溶解氧、电导率、浊度、高锰酸盐指数、氨氮、总磷、总氮,分析评价水质。

调查结果:(1)土壤pH:8.38～9.51;有机质:3.80～11.40 g/kg;全氮:0.27～0.72 g/kg;全磷:0.49～0.69 g/kg;全钾:15.30～18.90 g/kg;水解性氮:10.90～104.00 mg/kg;有效磷:10.40～18.00 mg/kg;速效钾:70.20～166.00 mg/kg。(2)土壤砷含量:4.74～6.97 mg/kg;镉:0.05～0.60 mg/kg;铅:15.1～21.1 mg/kg;汞:0.04～0.09 mg/kg;铜:5～16 mg/kg;镍:11～20 mg/kg;锌:37～64 mg/kg;铬:34～46 mg/kg;钒:33.3～65.0 mg/kg;钼:0.25～0.71 mg/kg。(3)水体pH:8.17～8.39;溶解氧:7.16～9.82 mg/L;电导率:781.0～847.0 μS/cm;浊度:125.00～823.00 NTU;高锰酸盐指数:1.81～3.22 mg/L;氨氮:0.025～0.336 mg/L;总磷:0.014～0.120 mg/L;总氮:1.37～3.39 mg/L。

研究结论:(1)响沙湾、成吉思汗陵土壤有机质、全氮、水解性氮养分等级差;昭君墓土壤有机质、全氮、水解性氮养分等级差,速效钾养分等级优;将军衙署土壤有机质、全氮养分等级差。综合评价:昭君墓=将军衙署>响沙湾>成吉思汗陵。(2)土壤重金属含量不超标,将军衙署土壤镉含量达到污染限值。(3)黑柳子水体溶解氧、氨氮评价均为Ⅰ类水,高锰酸盐指数评价为Ⅱ类水,总磷评价为Ⅲ类水,总氮评价为劣Ⅴ类水;三盛公水体溶解氧、高锰酸盐指数、氨氮评价均为Ⅰ类水,总磷评价为Ⅱ类水,总氮评价为劣Ⅴ类水;磴口水体溶解氧评价为Ⅰ类水,高锰酸盐指数、氨氮、总磷评价均为Ⅱ类水,总氮评价为Ⅳ类水;头道拐和喇嘛湾水体氨氮、总磷评价均为Ⅰ类水,溶解氧、高锰酸盐指数评价均为Ⅱ类水,总氮评价均为Ⅴ类水。

1 项目背景

奔流不息的黄河流入内蒙古自治区时,勾勒出壮美的"几"字弯。黄河内蒙古段全长843.5 km,约占黄河总长度的1/6。黄河内蒙古段是全国荒漠化和沙化土地最集中、危害最严重的区域之一。治黄必先治沙。长期以来,内蒙古切实担负起维护国家生态安全重任,统筹山水林田湖草沙一体化保护和系统治理,流域内生态环境持续改善,高质量发展动能澎湃(温都苏,2021)。

2023年6月5日至8日,习近平总书记在内蒙古考察,强调要牢牢把握党中央对内蒙古的战略定位,完整、准确、全面贯彻新发展理念,紧紧围绕推进高质量发展这个首要任务,以铸牢中华民族共同体意识为主线,坚持发展和安全并重,坚持以生态优先、绿色发展为导向,积极融入和服务构建新发展格局,在建设"两个屏障""两个基地""一个桥头堡"上展现新作为,奋力书写中国式现代化内蒙古新篇章。

2 项目研究意义

本研究团队在2023年6月,赴黄河内蒙古流域开展调查(图5-1),在2023年6月采集土样和水样,据此做生态保护与高质量发展评价。

图5-1 2023年6月黄河内蒙古流域调查合影

图 5-1（续）　2023 年 6 月黄河内蒙古流域调查合影

3　调查方法及过程

3.1　研究区域

响沙湾景区,位于内蒙古自治区鄂尔多斯市达拉特旗,库布齐沙漠最东端,是集观光与休闲度假为一体的综合型的沙漠休闲景区,景区面积为 24 km²。2018 中国黄河旅游大会上,响沙湾景区被评为"中国黄河 50 景",现为国家 5A 级旅游景区、国家文化产业示范基地(马秀娟,2017;陈雪等,2023)。

成吉思汗陵景区,位于内蒙古自治区鄂尔多斯市伊金霍洛旗,是蒙古帝国第一代大汗成吉思汗衣冠冢所在地。陵园占地约 5.5 hm²,对研究蒙古民族乃至中国北方游牧民族历史文化,具有极其重要的价值。该景区现为全国重点文物保护单位、国家 5A 级旅游景区(双金,2011;郝嘉伟和李煜;2022)。

昭君博物院景区,坐落于内蒙古自治区呼和浩特市南郊九公里大黑河南岸,始建于公元前西汉时期,称昭君墓,又称"青冢",是史籍记载和民间传说中汉朝明妃王昭君的墓地。该景区现为国家 4A 级旅游景区、省级重点文物保护单位(曹晓昕等,2022;程俊兰和王公为,2023)

将军衙署景区,是清代绥远将军管辖归化城、漠南蒙古及统领大同、宣化等地驻兵的办公衙门,占地 2.64 万 m²。该景区现为第六批全国重点文物保护单位(张友春,1999;赵洪源和李丽,2021)。

3.2　研究方法

实验室分析测定土壤 pH、有机质、全氮、全磷、全钾、水解性氮、有效磷、速效钾含量以及重金属含量。土壤有机质依据《LY/T 1237—1999 森林土壤有机质的测定》，采用滴定法测定；全氮和水解性氮依据《LY/T 1228—2015 森林土壤氮的测定》，采用凯氏定氮法和滴定法测定；全磷和有效磷依据《LY/T 1232—2015 森林土壤磷的测定》，采用碱熔－钼锑抗分光光度法和比色法测定；全钾和速效钾依据《LY/T 1234—2015 森林土壤钾的测定》，采用原子吸收分光光度法测定。本次检测由青岛衡立检测研究院完成。

实验室分析测定水体 pH、溶解氧、电导率，浊度、高锰酸盐指数、氨氮、总磷、总氮含量。本次检测由临沂市科学探索实验室完成。

4 调查结果

4.1 土壤养分差异

检测分析黄河内蒙古流域响沙湾景区、成吉思汗陵景区、昭君博物院景区、将军衙署景区 7 种土壤养分指标有机质、全氮、全磷、全钾、水解性氮、有效磷和速效钾含量差异（表 5-1）。

表 5-1　黄河内蒙古流域响沙湾、成吉思汗陵、昭君墓、将军衙署景区土壤养分

指标	实验组		对照组	
	响沙湾	成吉思汗陵	昭君墓	将军衙署
pH	9.07	9.51	7.98	8.38
有机质	3.80	5.50	11.40	10.80
全氮	0.27	0.32	0.72	0.46
全磷	0.57	0.49	0.69	0.65
全钾	15.30	18.90	17.30	15.90
水解性氮	26.40	10.90	37.50	104.00
有效磷	12.60	10.40	18.00	11.90
速效钾	107.00	70.20	166.00	142.00

注：有机质、全氮、全磷、全钾单位均为 g/kg；水解性氮、有效磷、速效钾单位均为 mg/kg。

土壤有机质、全氮含量：昭君墓＞将军衙署＞成吉思汗陵＞响沙湾；土壤全磷、速效钾含量：昭君墓＞将军衙署＞响沙湾＞成吉思汗陵；土壤全钾含量：成吉思汗陵＞昭君墓＞将军衙署＞响沙湾；土壤水解性氮含量：将军衙署＞昭君墓＞响沙湾＞成吉思汗陵；土壤有效磷含量：昭君墓＞响沙湾＞将军衙署＞成吉思汗陵。

4.2　土壤养分评价

依据《第二次全国土壤普查技术规程》土壤养分分级标准,采用土壤有机质、全氮、全磷、全钾、水解性氮、有效磷和速效钾7种养分指标,分别评价黄河内蒙古流域响沙湾景区、成吉思汗陵景区、昭君博物院景区、将军衙署景区土壤养分等级(表5-2)。

表5-2　黄河内蒙古流域响沙湾、成吉思汗陵、昭君墓、将军衙署景区土壤养分等级

项目	实验组		对照组	
	响沙湾	成吉思汗陵	昭君墓	将军衙署
有机质	6级	6级	5级	5级
全氮	6级	6级	5级	6级
全磷	4级	4级	3级	3级
全钾	3级	3级	3级	3级
水解性氮	6级	6级	5级	3级
有效磷	3级	3级	3级	3级
速效钾	3级	4级	2级	3级

响沙湾、成吉思汗陵土壤有机质、全氮、水解性氮养分等级差;昭君墓土壤有机质、全氮、水解性氮养分等级差,速效钾养分等级优;将军衙署土壤有机质、全氮养分等级差。综合评价:昭君墓=将军衙署>响沙湾>成吉思汗陵。

4.3　土壤重金属差异

检测分析黄河内蒙古流域响沙湾景区、成吉思汗陵景区、昭君博物院景区、将军衙署景区土壤重金属铬、钼、镍、锌、镉、铅、铜、钒、砷、汞含量差异(表5-3)。

表5-3　黄河内蒙古流域响沙湾、成吉思汗陵、昭君墓、将军衙署景区土壤重金属

(单位:mg/kg)

指标	实验组		对照组	
	响沙湾	成吉思汗陵	昭君墓	将军衙署
砷	5.55	4.74	6.97	6.50
镉	0.06	0.05	0.07	0.60
铅	16.70	15.10	21.10	21.00
汞	0.08	0.04	0.08	0.09
铜	9.00	5.00	16.00	16.00

续表

指标	实验组		对照组	
	响沙湾	成吉思汗陵	昭君墓	将军衙署
镍	13.00	11.00	20.00	17.00
锌	49.00	37.00	64.00	59.00
铬	34.00	46.00	46.00	40.00
钒	33.30	54.00	65.00	61.70
钼	0.25	0.26	0.71	0.55

土壤砷、镍、锌含量：昭君墓＞将军衙署＞响沙湾＞成吉思汗陵；土壤镉含量：将军衙署＞昭君墓＞响沙湾＞成吉思汗陵；土壤铅、铜含量：昭君墓＝将军衙署＞响沙湾＞成吉思汗陵；土壤汞含量：将军衙署＞响沙湾＝昭君墓＞成吉思汗陵；土壤铬含量：成吉思汗陵＝昭君墓＞将军衙署＞响沙湾；土壤钒、钼含量：昭君墓＞将军衙署＞成吉思汗陵＞响沙湾。

4.4 土壤重金属评价

依据土壤环境质量土壤污染风险管控标准，采用土壤镉、铬、汞、镍、铅、砷、锌7种重金属指标，分别评价黄河内蒙古流域响沙湾景区、成吉思汗陵景区、昭君博物院景区、将军衙署景区土壤污染风险，显示全部正常，不超标，其中将军衙署土壤镉含量达到污染限值，存在风险。

4.5 水质分析

检测分析黄河内蒙古流域黑柳子、三盛公、磴口、头道拐、喇嘛湾断面水质指标pH、溶解氧、电导率、浊度、高锰酸盐指数、氨氮、总磷、总氮含量差异（表5-4）。

表5-4 黄河内蒙古流域黑柳子、三盛公、磴口、头道拐、喇嘛湾断面水质

指标	黑柳子	三盛公	磴口	头道拐	喇嘛湾
pH	8.30±0.01	8.38±0.02	8.17±0.01	8.39±0.01	8.39±0.01
溶解氧	8.55±0.17	9.82±0.20	7.56±0.04	7.34±0.06	7.16±0.04
电导率	801±5.98	781±9.83	844±3.59	847±14.11	833±18.06
浊度	207±16.50	125±32.77	464±49.41	823±59.56	770±37.22
高锰酸盐指数	2.56±0.03	1.81±0.04	2.01±0.08	3.22±0.06	2.88±0.02
氨氮	0.025±0.00	0.025±0.00	0.336±0.13	0.025±0.00	0.025±0.00

指标	黑柳子	三盛公	磴口	头道拐	喇嘛湾
总磷	0.120±0.01	0.046±0.01	0.055±0.00	0.018±0.00	0.014±0.00
总氮	3.39±0.12	2.13±0.04	1.37±0.05	1.56±0.07	1.75±0.07

注:溶解氧、高锰酸盐指数、氨氮、总磷、总氮单位均为 mg/L;电导率单位为 μS/cm;浊度单位为 NTU。

水体 pH:头道拐=喇嘛湾>三盛公>黑柳子>磴口;水体溶解氧含量:三盛公>黑柳子>磴口>头道拐>喇嘛湾;水体电导率:头道拐>磴口>喇嘛湾>黑柳子>三盛公;水体浊度:头道拐>喇嘛湾>磴口>黑柳子>三盛公;水体高锰酸盐指数:头道拐>喇嘛湾>黑柳子>磴口>三盛公;水体氨氮含量:磴口>黑柳子=三盛公=头道拐=喇嘛湾;水体总磷含量:黑柳子>磴口>三盛公>头道拐>喇嘛湾;水体总氮含量:黑柳子>三盛公>喇嘛湾>头道拐>磴口。

4.6 水质评价

根据《GB 3838—2002 地表水环境质量标准》,采用水体溶解氧、高锰酸盐指数、氨氮、总磷、总氮含量单一指标,分别评价黄河内蒙古流域黑柳子、三盛公、磴口、头道拐、喇嘛湾断面水质(表 5-5)。

表 5-5　黄河内蒙古流域黑柳子、三盛公、磴口、头道拐、喇嘛湾断面水质评价

指标	黑柳子	三盛公	磴口	头道拐	喇嘛湾
溶解氧	Ⅰ类水	Ⅰ类水	Ⅰ类水	Ⅱ类水	Ⅱ类水
高锰酸盐指数	Ⅱ类水	Ⅰ类水	Ⅱ类水	Ⅱ类水	Ⅱ类水
氨氮	Ⅰ类水	Ⅰ类水	Ⅱ类水	Ⅰ类水	Ⅰ类水
总磷	Ⅲ类	Ⅱ类水	Ⅱ类水	Ⅰ类水	Ⅰ类水
总氮	劣Ⅴ类水	劣Ⅴ类水	Ⅳ类水	Ⅴ类水	Ⅴ类水

黑柳子水体溶解氧、氨氮含量单一指标评价均为Ⅰ类水,高锰酸盐指数评价为Ⅱ类水,总磷评价为Ⅲ类水,总氮评价为劣Ⅴ类水;三盛公水体溶解氧、高锰酸盐指数、氨氮含量单一指标评价均为Ⅰ类水,总磷评价为Ⅱ类水,总氮评价为劣Ⅴ类水;磴口水体溶解氧含量单一指标评价为Ⅰ类水,高锰酸盐指数、氨氮、总磷评价均为Ⅱ类水,总氮评价为Ⅳ类水;头道拐和喇嘛湾水体氨氮、总磷含量单一指标评价均为Ⅰ类水,溶解氧、高锰酸盐指数评价均为Ⅱ类水,总氮评价均为Ⅴ类水。

4.7 水质相关性

相关性分析显示,水体 pH 与高锰酸盐指数显著正相关($p < 0.05$),与氨氮、总磷含量显著负相关($p < 0.01, p < 0.05$);水体溶解氧与总磷、总氮含量显著正相关($p < 0.05$),与电导率、浊度、高锰酸盐指数极显著负相关($p < 0.01$);水体电导率与浊度、高锰酸盐指数显著正相关($p < 0.01, p < 0.05$),与总磷、总氮含量显著负相关($p < 0.05$);水体浊度与高锰酸盐指数极显著正相关($p < 0.01$),与总磷、总氮含量极显著负相关($p < 0.01$);水体氨氮与总氮含量显著负相关($p < 0.05$);水体总磷与总氮含量极显著正相关($p < 0.01$)(表 5-6)。

表 5-6　黄河内蒙古流域黑柳子、三盛公、磴口、头道拐、喇嘛湾断面水质相关性

指标	pH	溶解氧	电导率	浊度	高锰酸盐指数	氨氮	总磷
pH	1.000						
溶解氧	0.167	1.000					
电导率	-0.268	-0.656**	1.000				
浊度	0.192	-0.862**	0.703**	1.000			
高锰酸盐指数	0.442*	-0.667**	0.431*	0.782**	1.000		
氨氮	-0.683**	-0.208	0.273	0.082	-0.282	1.000	
总磷	-0.400*	0.385*	-0.342*	-0.648**	-0.288	0.084	1.000
总氮	0.084	0.458*	-0.405*	-0.560**	-0.049	-0.373*	0.831**

注:**$p < 0.01$;*$p < 0.05$。

5　研学体会

5.1 响沙湾

在内蒙古的大草原上,有一片神奇的沙漠,它的名字叫作响沙湾。这里没有繁华的城市,没有熙熙攘攘的人群,只有无尽的沙海和连绵的沙漠。但是,这里的沙子有着独特的魅力,能发出美妙的音乐,让人仿佛置身于一个神秘的世界。

那天,我踏上了这片神奇的土地。阳光照射在金色的沙丘上,闪闪发光,犹如一片金色的海洋。我踩在沙子上,感觉到沙子软软的、热热的,仿佛在按摩我的脚掌。我闭上眼睛,听着沙子在我脚下移动的声音,那是一种无法用语言形容的声音,像是大海的波涛,又像是风吹过稻田的声音。

我沿着沙丘往上爬,每一步都像是在和沙子进行一场角力。我感到有些吃力,但我并没有放弃,因为我知道,只有到达山顶,才能看到响沙湾最美的风景。终于,我爬到了山顶,看到了一片无垠的沙海,沙丘一座连着一座,像是海浪一样翻滚。

我站在山顶上,感到无比的震撼,这就是响沙湾的魅力,它的美,是无法用言语来形容的。

下午时分,起风了,沙尘暴来袭。无孔不入的粉沙,让你无法躲闪,头发,脖子,鞋子,沙子满满当当。景区喇叭刺耳,一辆辆沙漠冲锋车拉着我们向外冲,好有意思。

5.2 成吉思汗陵

曾经,我梦想着成为一名时光旅者,能够自由穿梭于过去和现在。当我踏入神秘的成吉思汗陵景区,仿佛找到了通往过去的神秘通道,让我领略了那一段辉煌的历史。

一进入景区,我就被眼前的壮观景象所震撼。蓝天白云下,一片辽阔的草原延伸至远方,仿佛是大地母亲的绿色地毯。而在这广袤的草原上,坐落着一座巍峨的陵墓,那就是成吉思汗陵。

成吉思汗陵景区分为三部分:陵园、陵宫和陵墓。

陵宫内保存了大量的文物和历史遗迹,展示了成吉思汗的一生和他的帝国。我仔细观赏着每一件展品,仿佛能够感受到那个时代的繁荣与辉煌。在这里,我不仅了解了成吉思汗的生平,还了解了他的治国理念和军事策略。他不仅是一位杰出的军事家和政治家,更是一位睿智的领导者。

这座陵墓位于一个山丘之上,巍峨雄伟。陵墓周围有一道高大的城墙,象征着蒙古帝国的辉煌。我登上了城墙,俯瞰整个景区,感受到了历史的厚重和庄严。站在陵墓前,我不禁想象起了当年的场景。成吉思汗带领着他的骑兵征战四方,建立了一个庞大的帝国。他成为历史上的一位传奇人物,他的英勇事迹激励着无数人。

离开成吉思汗陵景区时,我心中充满了敬畏和敬佩。这个地方不仅是一座陵墓,更是一段历史的记忆。穿越千年的秘境,探寻成吉思汗陵景区,这是一次难忘的历史之旅。在这里,我不仅领略了大自然的美丽和历史的厚重,更感受到了成吉思汗的伟大和蒙古帝国的辉煌。这段旅程将永远留在我的记忆中,成为我人生中一笔宝贵的财富。

成吉思汗陵景区是一个值得每个人去探索的地方,它让我们更加了解历史,更加珍惜现在。让我们一起走进成吉思汗陵景区,感受那段辉煌的历史吧!

5.3 昭君博物院

"昭君出塞"的故事,自古以来就是华夏大地上流传的佳话。这次我前往昭君墓景区,亲身体验了这段千古绝唱的传奇故事。

一进入景区,首先映入眼帘的是一片翠绿的草地,仿佛在诉说着古老的传说。沿着蜿蜒的小路向前走,我看到了一低矮的山峰,它像是守护着这片土地的神祇,静静地守望着昭君的墓碑。

昭君墓位于山顶,我顺着石阶一步一步向上攀登。每一步都仿佛踏在历史的长河中,感受着那个年代的风云变幻。

此路不通,无法登上山顶,景区封锁了道路,昭君墓就在眼前。那是一座巨大的石碑,上面刻着"昭君之墓"四个大字。站在墓前,我仿佛能看到昭君那双明亮的眼睛,听到她对家乡的思念。

墓前有一座昭君像,她身穿华丽的汉服,头戴金冠,手持琵琶,眼神深邃而远望。我仿佛能从她的眼中看到她的坚韧和勇气。她为了国家和民族的大义,毅然决然地走上了这条出塞的路。我在墓前驻足了很久,心中充满了敬仰和感慨。

昭君的故事,不仅仅是一个女子的悲剧,更是一个时代的缩影。她的选择,代表了那个时代的女性的勇气和智慧,也展示了中华民族的大爱和包容。

在墓区的另一侧,有一座昭君博物馆。馆内陈列着昭君生平的各种文物和资料,让我对她的生活有了更深入的了解。我看到了那些精美的汉服、那些华丽的首饰,还有那些古老的乐器。每一件展品都让我感受到了昭君那个时代的魅力和风采。

在博物馆里,我还看到了昭君出塞的历史画卷。那些画面生动地描绘了昭君出塞的场景,让我仿佛置身于那个时代,感受到了那种悲壮和豪情。

参观完昭君墓景区,我心中充满了感动和敬仰。昭君的故事,不仅仅是一段历史,更是一种精神。她的勇气、坚韧和大爱,是我们每一个人都应该学习的。在这个繁华的现代社会,我们或许无法体验到昭君那个时代的风云变幻,但我们可以从她的故事中汲取力量,学习她的精神,让我们的生活更加充实和有意义。

这次昭君墓景区的游记让我收获颇丰。我不仅了解了昭君的故事,更加深了对她那种坚韧不拔、舍小家为大家的精神的了解。这是一次难忘的旅行,也是一次深刻的历史教育。

5.4 将军衙署

在繁华的都市中,有一处地方仿佛能让人穿越回古代,那就是位于呼和浩特市中心的将军衙署景区。这里曾是历史上的重要军事机构,如今已成为一座生动的历史博物馆,吸引着无数的游客前来探寻历史的足迹。

那天,我踏进了这座充满历史气息的古城。一进入大门,首先映入眼帘的是那座宏伟的大门。门头上方镶嵌着一块巨大的匾额,上面书写着"将军衙署"四个大字,字迹刚劲有力,仿佛在诉说着这里曾经的辉煌。

穿过大门,我来到衙署的主体建筑群。这里的建筑风格古朴而庄重,每一座建筑都有着自己独特的历史背景和故事。我被其中一座名为"将军府"的建筑所吸引,它曾是将军处理公务的地方,现在则成为展示古代军事文化的重要场所。

在将军府内,我看到了许多珍贵的历史文物,如古代的兵器、甲胄、战马,每一件都充满了历史的气息。我还看到了一些古代的军事地图和战略图,虽然我对军事知识了解不多,但是看到这些,还是被古人的智慧所震撼。

将军衙署还有许多其他的看点。比如那些精美的古代壁画,它们描绘了古代人们的生活场景,让我对古代的生活有了更直观的了解;还有那些栩栩如生的石刻雕塑,它们展现了古人的高超艺术技巧。

参观完将军衙署,我感到无比震撼。这里不仅是一座历史博物馆,更是一本活生生的历史教科书。每一次的游览,都像是在和历史对话,让我对我国的历史文化有了更深的了解和认识。

走出将军衙署,我感到心中充满了敬畏。这里的一砖一瓦,都在诉说着历史的故事。我想,这就是历史的魅力吧,它能让我们更好地理解过去,也能让我们更好地面对未来。

这次将军衙署的游览是一次非常难忘的体验。我希望更多的人能来到这里,感受历史的魅力,了解我国的历史文化。

第六章　黄河山西流域生态研学

核心素养

文化基础 / 人文底蕴 / 人文情怀

文化基础 / 科学精神 / 勇于探索

社会参与 / 责任担当 / 社会责任

社会参与 / 实践创新 / 问题解决

学习方式

查阅信息、交流访问、野外调查、讨论与展示

研学五问

1. 如何在给定的生态研学项目中开展一项个性化创新课题研究？

2. 如何完善这一项个性化创新课题？

3. 开展这一项个性化创新课题需要做哪些准备？

4. 你打算如何展示该项创新课题成果？

5. 你有什么收获和体会？

研究目的：组织实施黄河山西流域生态研学，开展土壤和水体调查研究，科学评价，为黄河山西流域土壤保护和水质维持提供依据。

研究方法：以皇城相府景区、郭峪古城景区为实验组，以五台山景区、雁门关景区、云冈石窟景区、平遥古城景区为对照组，随机挖取表层土样约1 kg封袋，带回实验室检测7种养分指标和10种重金属指标，分析评价土壤养分和重金属含量。以黄河山西流域拴驴泉、曲立、裴沟、龙门、上毫城断面为实验组，随机采集表层水样约1 L各5份装瓶，带回实验室检测pH、溶解氧、电导率、浊度、高锰酸盐指数、氨氮、总磷、总氮，分析评价水质。

调查结果：（1）土壤pH：7.35～8.06；有机质：2.40～41.80 g/kg；全氮：0.49～1.92 g/kg；全磷：0.44～1.91 g/kg；全钾：15.40～20.20 g/kg；水解性氮：4.91～188.00 mg/kg；有效磷：6.40～36.30 mg/kg；速效钾：121.00～456.00 mg/kg。（2）土壤砷含量：3.09～12.00 mg/kg；镉：0.11～0.28 mg/kg；铅：14.3～32.0 mg/kg；汞：0.04～0.29 mg/kg；铜：18～110 mg/kg；镍：18～34 mg/kg；锌：64～95 mg/kg；铬：33～121 mg/kg；钒：58.3～110.0 mg/kg；钼：0.54～0.84 mg/kg。（3）水体pH：8.14～8.72；溶解氧：5.97～8.33 mg/L；电导率：554.9～895.6 μS/cm；浊度：20.30～281.10 NTU；高锰酸盐指数：1.29～3.96 mg/L；氨氮：0.025～0.112 mg/L；总磷：0.028～0.117 mg/L；总氮：2.23～4.41 mg/L。

研究结论：（1）皇城相府土壤速效钾养分等级优，水解性氮养分等级差；郭峪古城土壤有机质、全氮、全磷、水解性氮、有效磷、速效钾养分等级优；五台山土壤有机质、全氮、水解性氮养分等级差，全钾、速效钾养分等级优；雁门关土壤有机质、全氮、全磷养分等级优，水解性氮养分等级差；云冈石窟土壤有机质、全氮、全磷、有效磷、速效钾养分等级优，水解性氮养分等级差；平遥古城土壤有机质、全氮、水解性氮养分等级差，有效磷、速效钾养分等级优。综合评价：郭峪古城＞云冈石窟＞雁门关＞皇城相府＞平遥古城＞五台山。（2）雁门关土壤铜含量超出污染限值，存在风险。（3）拴驴泉、上毫城水体溶解氧、高锰酸盐指数、氨氮评价均为Ⅰ类水，总磷评价均为Ⅱ类水，总氮评价均为劣Ⅴ类水；曲立水体氨氮评价为Ⅰ类水，高锰酸盐指数评价为Ⅱ类水，溶解氧、总磷评价均为Ⅲ类水，总氮评价为劣Ⅴ类水；裴沟水体溶解氧、氨氮评价均为Ⅰ类水，高锰酸盐指数评价为Ⅱ类水，总磷评价为Ⅲ类水，总氮评价为劣Ⅴ类水；龙门水体溶解氧、氨氮评价均为Ⅰ类水，高锰酸盐指数、总磷评价均为Ⅱ类水，总氮评价为劣Ⅴ类水。整体上看，黄河山西流域拴驴泉、曲立、裴沟、龙门、上毫城断面均总氮超标。

1 项目背景

从偏关县老牛湾入境,至垣曲县碾盘沟出境,黄河山西段占黄河全长的近1/5,干支流涵盖 11 市 86 县(市、区),占山西省面积七成以上。山西素有"表里山河"之称,"表里"之意指内外,即外有大河,内有高山。这里的"河",指代的就是黄河。母亲河黄河流经山西,数千年来,一直滋养着三晋儿女(王劲玉和梁晓飞,2023)。

2020 年 5 月 11 日至 12 日,习近平总书记在山西考察时指出,要牢固树立绿水青山就是金山银山的理念,发扬"右玉精神",统筹推进山水林田湖草系统治理,抓好"两山七河一流域"生态修复治理,扎实实施黄河流域生态保护和高质量发展国家战略,加快制度创新,强化制度执行,引导形成绿色生产生活方式,坚决打赢污染防治攻坚战,推动山西沿黄地区在保护中开发、开发中保护。

2 项目研究意义

本研究团队在 2023 年 4 月和 5 月,两次赴黄河山西流域开展调查(图 6-1),在 2023 年 4 月和 5 月采集土样和水样,据此做生态保护与高质量发展评价。

图 6-1　2023 年黄河山西流域调查合影

图 6-1（续）　2023 年黄河山西流域调查合影

3　调查方法及过程

3.1　研究区域

皇城相府景区,位于山西省晋城市阳城县北留镇,是清代官员、学者、诗人陈廷敬的故居。总面积 3.6 万 m²,由内城、外城、紫芸阁等部分组成,是一处罕见的明清两代城堡式官宦住宅建筑群,被专家誉为"中国北方第一文化巨族之宅"。2018 中国黄河旅游大会上,皇城相府景区被评为"中国黄河 50 景",现为国家 5A 级旅游景区(胡炜霞等,2018;耿娜娜和邵秀英,2020)。

郭峪古城景区,位于山西省晋城市阳城县北留镇,为郭氏家族所建,始建于唐初。村落古建面积达 18 万 m²,有城垣城楼、官宦府邸、宅第民居、庙宇祠堂、店铺作坊、苑囿园林、门楼影壁、水井、遗址等,被古建专家誉为中国古建筑的集聚地,是地方建筑文化传统的真实体现。现为全国重点文物保护单位、中国历史文化名村(门柱和何绪华;2012)。

五台山景区,位于山西省忻州市,属太行山系北端,跨忻州市五台县、繁峙县、代县、原平市、定襄县。景区规划面积 607 km²,行政管辖面积 436 km²,其中五座高峰峰顶平坦如台,故名五台山。五台山是中国佛教四大名山,是中国唯一一个青庙黄庙共处的佛教道场。现为中华十大名山、世界文化遗产、国家 5A 级旅游景区(任健美等,2004;孙小贝,2024)。

雁门关景区,位于山西省忻州市代县,南控中原,北扼漠原,是中国古代关隘规模宏伟的军事防御工程。雁门关上古称北陵、西隃,战国列称九塞之首,南北朝列称北庭三关,明代列称山西内三关。雁门关历称勾注塞、西险关、西陉关,向以关山雄固、北塞门户著名,是中国长城文化、关隘文化之瑰宝。现为全国重点文物保护单位、国家 5A 级旅游景区(许檀和乔南,2007;李昱霖和张多勇,2023)。

云冈石窟景区,位于山西省大同市武州山南麓,原名灵岩寺、石佛寺,是中国四大石窟。云冈石窟开凿始于北魏时期,是中国第一个皇家授权开凿的石窟。云冈石窟最具西来样式,即胡风胡韵最为浓郁,反映出与世界各大文明之间的渊源关系,对后世中国文化艺术的发展具有重要意义。现为全国重点文物保护单位、世界文化遗产国家、国家 5A 级旅游景区(宿白,1978;何洁,2024)。

平遥古城景区,位于山西省晋中市平遥县,始建于西周宣王时期,于明代洪武三年重建、扩修城池,是现今中国境内保存最为完整的一座古代县城。平遥古城占地面积 2.25 km²,是中国汉民族城市在明清时期的杰出范例,展示了五个世纪以来中国建筑风格和城市规划的演变,被称为研究中国古代城市的活样本。现为全国重点文物保护单位、国家历史文化名城、世界文化遗产、国家 5A 级旅游景区(张晓梅等,2016;李曼等,2024)。

3.2 研究方法

实验室分析测定土壤 pH、有机质、全氮、全磷、全钾、水解性氮、有效磷、速效钾含量以及重金属含量。土壤有机质依据《LY/T 1237—1999 森林土壤有机质的测定》,采用滴定法测定;全氮和水解性氮依据《LY/T 1228—2015 森林土壤氮的测定》,采用凯氏定氮法和滴定法测定;全磷和有效磷依据《LY/T 1232—2015 森林土壤磷的测定》,采用碱熔－钼锑抗分光光度法和比色法测定;全钾和速效钾依据《LY/T 1234—2015 森林土壤钾的测定》,采用原子吸收分光光度法测定。本次检测由青岛衡立检测研究院完成。

实验室分析测定水体 pH、溶解氧、电导率,浊度、高锰酸盐指数、氨氮、总磷、总氮含量。本次检测由临沂市科学探索实验室完成。

4 调查结果

4.1 土壤养分差异

检测分析黄河山西流域皇城相府景区、郭峪古城景区、五台山景区、雁门关景区、云冈石窟景区、平遥古城景区 7 种土壤养分指标有机质、全氮、全磷、全钾、水解性氮、有效磷和速效钾含量差异(表 6-1)。

表6-1　黄河山西流域皇城相府、郭峪古城、五台山、雁门关、云冈石窟、平遥古城景区土壤养分

指标	实验组			对照组		
	皇城相府	郭峪古城	五台山	雁门关	云冈石窟	平遥古城
pH	8.02	7.55	8.06	7.39	7.35	7.79
有机质	19.10	39.60	2.40	41.30	41.80	8.86
全氮	0.97	1.92	0.49	1.77	1.65	0.58
全磷	0.74	0.89	0.56	1.91	1.07	0.44
全钾	18.20	15.40	20.20	18.00	19.40	18.50
水解性氮	42.00	188.00	4.91	8.02	14.80	22.70
有效磷	18.60	36.30	6.40	8.38	28.10	32.70
速效钾	152.00	386.00	186.00	121.00	456.00	207.00

注:有机质、全氮、全磷、全钾单位均为 g/kg;水解性氮、有效磷、速效钾单位均为 mg/kg。

土壤有机质含量:云冈石窟>雁门关>郭峪古城>皇城相府>平遥古城>五台山;土壤全氮含量:郭峪古城>雁门关>云冈石窟>皇城相府>平遥古城>五台山;土壤全磷含量:雁门关>云冈石窟>郭峪古城>皇城相府>五台山>平遥古城;土壤全钾含量:五台山>云冈石窟>平遥古城>皇城相府>雁门关>郭峪古城;土壤水解性氮含量:郭峪古城>皇城相府>平遥古城>云冈石窟>雁门关>五台山;土壤有效磷含量:郭峪古城>平遥古城>云冈石窟>皇城相府>雁门关>五台山;土壤速效钾含量:云冈石窟>郭峪古城>平遥古城>五台山>皇城相府>雁门关。

4.2 土壤养分评价

依据《第二次全国土壤普查技术规程》土壤养分分级标准,采用土壤有机质、全氮、全磷、全钾、水解性氮、有效磷和速效钾 7 种养分指标,分别评价黄河山西流域皇城相府景区、郭峪古城景区、五台山景区、雁门关景区、云冈石窟景区、平遥古城景区土壤养分等级(表6-2)。

表6-2　黄河山西流域皇城相府、郭峪古城、五台山、雁门关、云冈石窟、平遥古城景区土壤养分等级

指标	实验组			对照组		
	皇城相府	郭峪古城	五台山	雁门关	云冈石窟	平遥古城
有机质	4级	2级	6级	1级	1级	5级
全氮	4级	2级	6级	2级	2级	5级
全磷	3级	2级	4级	1级	1级	4级

指标	实验组			对照组		
	皇城相府	郭峪古城	五台山	雁门关	云冈石窟	平遥古城
全钾	3级	3级	2级	3级	3级	3级
水解性氮	5级	1级	6级	6级	6级	6级
有效磷	3级	2级	4级	4级	2级	2级
速效钾	2级	1级	2级	3级	1级	1级
平均	3.4级	1.9级	4.3级	2.9级	2.3级	3.7级

皇城相府土壤速效钾养分等级优，水解性氮养分等级差；郭峪古城土壤有机质、全氮、全磷、水解性氮、有效磷、速效钾养分等级优；五台山土壤有机质、全氮、水解性氮养分等级差，全钾、速效钾养分等级优；雁门关土壤有机质、全氮、全磷养分等级优，水解性氮养分等级差；云冈石窟土壤有机质、全氮、全磷、有效磷、速效钾养分等级优，水解性氮养分等级差；平遥古城土壤有机质、全氮、水解性氮养分等级差，有效磷、速效钾养分等级优。综合评价：郭峪古城＞云冈石窟＞雁门关＞皇城相府＞平遥古城＞五台山。

4.3 土壤重金属差异

检测分析黄河山西流域皇城相府景区、郭峪古城景区、五台山景区、雁门关景区、云冈石窟景区、平遥古城景区土壤重金属铬、钼、镍、锌、镉、铅、铜、钒、砷、汞含量差异（表6-3）。

表6-3 黄河山西流域皇城相府、郭峪古城、五台山、雁门关、云冈石窟、平遥古城景区土壤重金属

指标	实验组		对照组			
	皇城相府	郭峪古城	五台山	雁门关	云冈石窟	平遥古城
砷	12.00	10.50	11.20	3.09	7.82	9.85
镉	0.11	0.13	0.14	0.28	0.19	0.14
铅	28.70	27.30	17.00	14.30	32.00	15.50
汞	0.24	0.29	0.05	0.08	0.29	0.04
铜	22.00	18.00	20.00	110.00	20.00	17.00
镍	32.00	21.00	22.00	34.00	18.00	18.00
锌	83.00	90.00	64.00	81.00	95.00	65.00
铬	65.00	48.00	50.00	121.00	52.00	33.00

续表

指标	实验组		对照组			
	皇城相府	郭峪古城	五台山	雁门关	云冈石窟	平遥古城
钒	80.80	58.30	72.60	110.00	67.30	69.00
钼	0.67	0.54	0.58	0.84	0.58	0.69

注:铬、钼、镍、锌、镉、铅、铜、钒、砷、汞单位均为 mg/kg。

土壤砷含量:皇城相府>五台山>郭峪古城>平遥古城>云冈石窟>雁门关;土壤镉含量:雁门关>云冈石窟>五台山=平遥古城>郭峪古城>皇城相府;土壤铅含量:云冈石窟>皇城相府>郭峪古城>五台山>平遥古城>雁门关;土壤汞含量:郭峪古城=云冈石窟>皇城相府>雁门关>五台山>平遥古城;土壤铜含量:雁门关>皇城相府>五台山=云冈石窟>郭峪古城>平遥古城;土壤镍含量:雁门关>皇城相府>五台山>郭峪古城>云冈石窟=平遥古城;土壤锌含量:云冈石窟>郭峪古城>皇城相府>雁门关>平遥古城>五台山;土壤铬含量:雁门关>皇城相府>云冈石窟>五台山>郭峪古城>平遥古城;土壤钒含量:雁门关>皇城相府>五台山>平遥古城>云冈石窟>郭峪古城;土壤钼含量:雁门关>平遥古城>皇城相府>五台山=云冈石窟>郭峪古城。

4.4　土壤重金属评价

依据土壤环境质量土壤污染风险管控标准,采用土壤镉、铬、汞、镍、铅、砷、锌 7 种重金属指标,分别评价黄河山西流域皇城相府景区、郭峪古城景区、五台山景区、雁门关景区、云冈石窟景区、平遥古城景区土壤污染风险,雁门关土壤铜含量超出污染限值,存在风险。

4.5　水质分析

检测分析黄河山西流域拴驴泉、曲立、裴沟、龙门、上毫城断面水质指标 pH、溶解氧、电导率、浊度、高锰酸盐指数、氨氮、总磷、总氮含量差异(见表 6-4)。

表 6-4　黄河山西流域拴驴泉、曲立、裴沟、龙门、上毫城断面水质

指标	拴驴泉	曲立	裴沟	龙门	上毫城
pH	8.22±0.03	8.14±0.00	8.72±0.14	8.38±0.02	8.46±0.05
溶解氧	8.25±0.39	5.97±0.05	7.76±0.35	7.94±0.11	8.33±0.27
电导率	719.2±8.54	554.9±16.49	782.3±38.32	857.9±4.85	895.6±10.86

续表

指标	拴驴泉	曲立	裴沟	龙门	上毫城
浊度	20.3±1.90	113.8±14.81	86.4±7.59	281.1±38.24	141.2±34.02
高锰酸盐指数	1.29±0.08	2.76±0.19	3.96±0.32	3.49±0.24	1.65±0.12
氨氮	0.042±0.01	0.068±0.04	0.112±0.09	0.025±0.00	0.026±0.00
总磷	0.028±0.00	0.117±0.01	0.112±0.02	0.099±0.02	0.091±0.01
总氮	3.31±0.09	4.41±0.25	3.51±0.28	2.23±0.06	3.61±0.13

注:溶解氧、高锰酸盐指数、氨氮、总磷、总氮单位均为 mg/L;电导率单位为 μS/cm;浊度单位为 NTU。

水体 pH:裴沟>上毫城>龙门>拴驴泉>曲立;水体溶解氧含量:上毫城>拴驴泉>龙门>裴沟>曲立;水体电导率:上毫城>龙门>裴沟>拴驴泉>曲立;水体浊度:龙门>上毫城>曲立>裴沟>拴驴泉;水体高锰酸盐指数:裴沟>龙门>曲立>上毫城>拴驴泉;水体氨氮含量:裴沟>曲立>拴驴泉>上毫城>龙门;水体总磷含量:曲立>裴沟>龙门>上毫城>拴驴泉;水体总氮含量:曲立>上毫城>裴沟>拴驴泉>龙门。

4.6 水质评价

根据《GB 3838—2002 地表水环境质量标准》,采用水体溶解氧、高锰酸盐指数、氨氮、总磷、总氮含量单一指标,分别评价黄河山西流域拴驴泉、曲立、裴沟、龙门、上毫城断面水质(表 6-5)。

表 6-5　黄河山西流域拴驴泉、曲立、裴沟、龙门、上毫城断面水质评价

指标	拴驴泉	曲立	裴沟	龙门	上毫城
溶解氧	Ⅰ类水	Ⅲ类水	Ⅰ类水	Ⅰ类水	Ⅰ类水
高锰酸盐指数	Ⅰ类水	Ⅱ类水	Ⅱ类水	Ⅱ类水	Ⅰ类水
氨氮	Ⅰ类水	Ⅰ类水	Ⅰ类水	Ⅰ类水	Ⅰ类水
总磷	Ⅱ类水	Ⅲ类水	Ⅲ类水	Ⅱ类水	Ⅱ类水
总氮	劣Ⅴ类水	劣Ⅴ类水	劣Ⅴ类水	劣Ⅴ类水	劣Ⅴ类水

拴驴泉、上毫城水体溶解氧、高锰酸盐指数、氨氮含量单一指标评价均为Ⅰ类水,总磷评价均为Ⅱ类水,总氮评价均为劣Ⅴ类水;曲立水体氨氮含量单一指标评价为Ⅰ类水,高锰酸盐指数评价为Ⅱ类水,溶解氧、总磷评价均为Ⅲ类水,总氮评价为劣Ⅴ类水;裴沟水体溶解氧、氨氮含量单一指标评价均为Ⅰ类水,高锰酸盐指数评价为Ⅱ类水,总磷评价为Ⅲ类水,总氮评价为劣Ⅴ类水;龙门水体溶解氧、氨氮含量单一指标评价均为Ⅰ类水,高锰酸盐指数、总磷评价均为Ⅱ类水,

总氮评价为劣V类水。整体上看,黄河山西流域拴驴泉、曲立、裴沟、龙门、上毫城断面均为总氮超标。

4.7 水质相关性

相关性分析显示,水体 pH 与溶解氧、电导率极显著正相关($p < 0.01$),与高锰酸盐指数、总磷含量显著正相关($p < 0.05$);水体溶解氧与电导率极显著正相关($p < 0.01$),与总氮含量极显著负相关($p < 0.01$);水体电导率与浊度显著正相关($p < 0.05$),与总氮含量显著负相关($p < 0.05$);水体浊度与高锰酸盐指数显著正相关($p < 0.05$),与总氮含量极显著负相关($p < 0.01$);水体高锰酸盐指数与总磷、氨氮含量显著正相关($p < 0.01, p < 0.05$);水体氨氮与总氮含量显著正相关($p < 0.05$)(见表 6-6)。

表 6-6 黄河山西流域拴驴泉、曲立、裴沟、龙门、上毫城断面水质相关性

指标	pH	溶解氧	电导率	浊度	高锰酸盐指数	氨氮	总磷
pH	1.000						
溶解氧	0.500**	1.000					
电导率	0.533**	0.661**	1.000				
浊度	0.035	0.035	0.353*	1.000			
高锰酸盐指数	0.347*	-0.238	0.001	0.458*	1.000		
氨氮	-0.228	-0.162	-0.245	-0.094	0.399*	1.000	
总磷	0.367*	-0.238	-0.093	0.442*	0.685**	0.180	1.000
总氮	-0.219	-0.474**	-0.563*	-0.505**	-0.131	0.356*	0.241

注:$**p < 0.01$;$*p < 0.05$。

5 研学体会

5.1 皇城相府

在山西晋中地区,有一座名为皇城相府的古建筑群。它不仅是中国最大的明清古建筑群,更是中国封建社会的一个缩影。这次,我走进了这座有着几百年历史的古宅,亲身感受它的历史韵味和文化底蕴。

皇城相府占地面积约为 $3 \times 10^4 \text{ m}^2$。巍峨的城墙,古朴的庭院,精美的雕刻,

无一不展现出明清时期的建筑艺术。

主楼是皇城相府的核心建筑,也是整个建筑群的最高点。站在楼上,可以俯瞰整个皇城相府的全貌。主楼的建筑风格独特,屋顶上的琉璃瓦在阳光下闪闪发光,显得十分壮观。

皇城相府的各个庭院都有自己的特色,有的庭院中种满了各种花草,有的庭院中设有假山水池,还有的庭院中摆放着各种古老的家具和装饰品。我最喜欢的是那个种满了梅花的庭院。听说每到春天,那里就会变成一片花海,美不胜收。

皇城相府内还有许多有趣的展览,比如瓷器展览、书法展览、绘画展览。我在展览中了解了许多中国古代文化知识,也欣赏了许多珍贵的艺术品。

参观完皇城相府后,我还品尝了当地的特色美食。灵石县的面食非常有名,我尝试了几种不同的面食,都非常美味。这次皇城相府之旅,让我深深地感受到了中国古代文化的魅力。

皇城相府是值得一游的地方。无论你是对中国历史文化感兴趣的人,还是喜欢古建筑的人,都会在这里找到自己的乐趣。

在未来的日子里,我还会再次走进皇城相府,去探索更多的历史秘密,去感受更多的文化气息。因为我知道,每一次走进皇城相府,都会有新的发现,都会有新的感动。

5.2 郭峪古城

在山西省的中部,有一座历史悠久的古城——郭峪古城。这座古城以其独特的建筑风格和深厚的历史文化底蕴,吸引了无数的游客。我有幸在这个夏天,走进这座古城,感受那份古老而又深沉的历史气息。

郭峪古城位于山西省临汾市襄汾县郭峪镇,是山西省级历史文化名镇。这座城市的历史可以追溯到唐代,历经宋、元、明、清四代,至今已有千年历史。郭峪古城的建筑风格独特,城墙厚重坚实,城门古朴庄重,城内的古街巷纵横交错,古民居错落有致,处处都透露出浓厚的历史气息。

走进郭峪古城,首先映入眼帘的是那座巍峨壮观的城墙。城墙高约 10 m,宽约 5 m,全由青砖砌成,坚固耐用。城墙上有四个城门,每个城门都有一座高大的城楼,城楼上方镶嵌着一块匾额,上面刻着"郭峪古城"四个字。站在城墙上,可以俯瞰整个古城的全景,那种历史的厚重感油然而生。

城内的古街巷是郭峪古城的一大特色。这些街巷狭窄而曲折,两旁是古老的民居。这些民居大多是明清时期的建筑,砖木结构,屋顶覆盖着青色的瓦片,墙体上布满了岁月的痕迹。走在这些古街巷中,仿佛穿越到了古代,感受到了那份古老而又宁静的气息。

在郭峪古城,还有许多值得一看的景点。比如那座古老的文庙,供奉着孔子的塑像,每年的孔子诞辰都会举行盛大的祭孔仪式。还有那座古老的戏台,每逢重大节日,都会举行各种戏曲表演。这些景点都深深地烙印着郭峪古城的历史和文化。

郭峪古城的美不仅仅在于它的建筑和景色,更在于它的人文气息。这里的人们淳朴善良,热情好客。无论是街头巷尾的小摊贩,还是古街上的老店铺店主,都能让人感受到他们的热情和友好。他们用最真挚的笑容和最热情的服务,让每一个来到这里的游客都能感受到家的温暖。

走出郭峪古城,我不禁感叹,这是一座真正的历史之城、文化之城。它以其独特的建筑风格和深厚的历史文化底蕴,让我深深地感受到了中国历史文化的魅力。这是一次难忘的旅行,我会把这份美好的记忆深深地刻在心里。

5.3　五台山

一提到五台山,人们首先想到的就是那连绵不绝的山脉,那云雾缭绕的山峰,那古老而神秘的寺庙。我有幸在这个夏天踏上了这个神秘的地方。我站在山脚下,抬头望去,只见山峰层峦叠嶂,云雾缭绕,仿佛置身于仙境之中。

我开始沿着山路向上攀爬,每一步都充满了挑战和期待。山路崎岖,我却感到无比的轻松和愉快。我看到了那些古老的寺庙,那些被岁月雕刻的痕迹,那些散发着古老气息的佛像,仿佛可以听到那些寺庙在诉说着古老的故事。

走进一座寺庙,那里的僧人正在诵经。他们的声音深沉而悠长,像是从天边传来的呼唤。我静静地站在那里,听着他们诵经,仿佛可以感受到那份宁静和神秘。看着那些佛像,他们的眼神深邃而慈悲,仿佛在告诉我,无论世界如何变化,内心的宁静和善良永远不会改变。

我看到了日出日落,看到了云雾缭绕的山峰,看到了古老而神秘的寺庙,听到了深沉而悠长的诵经声,感受到了那份宁静和神秘。

五台山之旅,是我人生中一次难忘的经历。我会珍藏这段记忆,将它深深地刻在我的心中。

5.4　雁门关

春日阳光洒在雁门关,仿佛给这座古老的关口披上了一层金色的光环。我站在雁门关前,不禁感叹历史的沧桑和时光的流转。这次旅行让我有幸亲身感受了雁门关的魅力,也让我更加深入地了解了中国的历史文化。

雁门关位于山西省代县北部,是中国古代著名的关口之一。它始建于战国时期,历经秦、汉、唐、宋等朝代的修缮和扩建,至今已有 2000 多年的历史。

站在雁门关前,我仿佛能看到古代将士们英勇的身影,他们在这里守卫边疆,抵御外敌。进入雁门关景区,首先映入眼帘的是那座巍峨壮观的关城。关城的城墙高大厚实,四周环绕着护城河,显得极为雄伟。

沿着城墙走,我看到了许多古代战争的痕迹,如烽火台、箭楼。这些遗迹见证了雁门关曾经的辉煌和悲壮。

在雁门关景区内,还有许多历史文化景点值得一游。比如关帝庙,它是为纪念关羽而建的庙宇,庙内供奉着关公的神像,香火鼎盛。参观关帝庙,我不仅感受到了古代人对关羽的敬仰之情,还了解到了许多关于三国时期的传说故事。

除了关帝庙,雁门关景区还有一座著名的古塔——镇边塔。这座塔建于明代,高约 30 m,塔身八角形,造型古朴典雅。登上镇边塔,可以俯瞰整个雁门关的美景,感受古代戍边的壮丽。

在雁门关景区,我还品尝了许多地道的山西美食,如刀削面、油茶。这些美食让我大饱口福,也让我对山西的饮食文化有了更深的了解。

此次雁门关之行,让我深刻感受到了中国古代建筑的雄伟壮观,也让我对中国的历史文化有了更加深刻的认识。

站在雁门关前,我不禁想起了那句诗:"黄河远上白云间,一片孤城万仞山。"这是对雁门关最好的赞美,也是对它历史地位的最好诠释。

在未来的日子里,我会珍藏这次旅行的美好回忆,也会期待着下一次与历史的对话。

5.5 云冈石窟

在中国,有一个神秘的地方,它承载着千年的历史,见证了一个古老王朝的辉煌。这里就是被誉为"东方艺术宝库"的云冈石窟。这个春天,我前往这片神奇的土地,亲身感受了那里的历史韵味和文化底蕴。

云冈石窟位于山西省大同市西郊 17 km 处的武周山南麓,是中国最早的石窟之一,距今已有 1500 多年的历史。这里的石窟分为东、中、西三部分,共有窟龛 252 个、造像 51000 余尊、碑刻题记 3600 余品。在这里,你可以欣赏到千姿百态的佛像,感受到古人对信仰的虔诚,还可以聆听到历史的回响,仿佛穿越到了那个遥远的时代。

云冈石窟东区的石窟多为北魏时期的遗存,规模宏大,气势磅礴。走进石窟,我看到了一尊尊栩栩如生的佛像,他们或端坐或站立,或微笑或沉思,每一个细节都刻画得如此生动。我不禁感叹古人的智慧和技艺,竟然能在坚硬的岩石上创造出如此精美的艺术品。

云冈石窟中区的石窟主要为北魏晚期和西魏、北齐时期的作品,风格更加多样,技艺更加成熟。在这里,我看到了许多富有故事性的画作,如同在翻一部古老的画册。有一幅描绘观音菩萨普度众生的画作,让我感受到了慈悲的力量;还有一幅描绘佛陀降生的壁画,让我看到了生命的奇迹。这些画面让我陶醉其中,仿佛置身于一个美丽的梦境。

云冈石窟西区的石窟主要为隋、唐时期的作品,风格更加华丽,技艺更加精湛。在这里,我看到了许多令人叹为观止的作品,如同一部辉煌的艺术史。有一座大佛龛,高达 17 m,气势恢宏;还有一座菩萨像,美艳动人,令人陶醉。这些作品让我感叹古人的艺术成就,也让我为自己的祖国感到自豪。

在云冈石窟之旅的结束之际,我不禁感慨万分:这里是中国历史文化的瑰宝,是人类文明的遗产。在这里,我不仅欣赏到了美轮美奂的艺术品,还感受到了古人的智慧和信仰。这次旅行让我对中国的文化传统有了更深的了解,也让我对这个世界充满了敬畏之心。

5.6 平遥古城

在浩瀚的历史长河中,有一座古城静静地伫立,它就是中国四大古城之一,被誉为"保存最为完好"的明清古城,位于山西省中部的平遥古城。

一踏入平遥古城,仿佛进入了一个古老的世界。古城墙巍峨壮观,砖石铺就的街道平整宽阔,两旁的店铺古色古香,每一砖、每一瓦都透露出浓厚的历史气息。

我沿着街道漫步,感受着这座城市的宁静与祥和。平遥古城的建筑风格独特,明清时期的建筑风格在这里得到了完美的体现。我走进一家古老的客栈,那里的布局和装饰充满了古代的气息。客栈的主人热情好客,向我讲述了平遥古城的历史和故事,让我对这座城市有了更深的了解。

在平遥古城,我还参观了许多历史遗迹。平遥古县衙是最让我印象深刻的地方。这里的建筑古朴典雅,每一块石头、每一片瓦片似乎都在诉说着过去的故事。我在这里看到了古代官府的威严和庄重,也感受到了历史的厚重和深远。

平遥古城还有许多美食值得一试。我在一家老字号的餐馆品尝了平遥牛肉,那种鲜嫩的口感和独特的香味让我回味无穷。

此外,平遥的面食也是不容错过的美食。夜幕降临,平遥古城更显古朴宁静。我走在古城的街头,看着古老的建筑在灯光的照耀下显得更加美丽。

平遥古城是一座活着的历史博物馆,保存了大量的历史文化遗产,让人们可以亲身体验到古代的生活。我在这里收获了许多美好的回忆,也对中国的历史和文化有了更深的理解。

平遥古城是一部活生生的历史教科书,让我深深地感受到了中国古代文化的魅力。希望有更多的人能够来到平遥古城,亲身体验这里的历史和文化,感受这座古城的独特魅力。

第七章 黄河陕西流域生态研学

文化基础 / 人文底蕴 / 人文情怀
文化基础 / 科学精神 / 勇于探索
社会参与 / 责任担当 / 社会责任
社会参与 / 实践创新 / 问题解决

学习方式

查阅信息、交流访问、野外调查、讨论与展示

研学五问

1. 如何在给定的生态研学项目中开展一项个性化创新课题研究？
2. 如何完善这一项个性化创新课题？
3. 开展这一项个性化创新课题需要做哪些准备？
4. 你打算如何展示该项创新课题成果？
5. 你有什么收获和体会？

研究目的:组织实施黄河陕西流域生态研学,开展土壤和水体调查研究,科学评价,为黄河陕西流域土壤保护和水质维持提供依据。

研究方法:以秦始皇帝陵博物院景区、华清宫景区为实验组,以老县城国家级自然保护区、佛坪国家级自然保护区为对照组,随机挖取表层土样约1 kg封袋,带回实验室检测7种养分指标和10种重金属指标,分析评价土壤养分和重金属含量。以渭河、榜沙河、葫芦河为实验组,随机采集河流表层水样约1 L各5份装瓶,带回实验室检测pH、溶解氧、电导率、浊度、高锰酸盐指数、氨氮、总磷、总氮,分析评价水质。

调查结果:(1)土壤pH:4.79~8.37;有机质:9.30~125.00 g/kg;全氮:0.72~4.88 g/kg;全磷:0.14~2.99 g/kg;全钾:3.90~16.10 g/kg;水解性氮:8.27~184.00 mg/kg;有效磷:7.13~167.00 mg/kg;速效钾:39.00~118.00 mg/kg。(2)土壤砷含量:6.5~14.10 mg/kg;镉:0.07~0.20 mg/kg;铅:21.0~23.9 mg/kg;汞:0.08~0.16 mg/kg;铜:10~23 mg/kg;镍:17~31 mg/kg;锌:50~71 mg/kg;铬:40~82 mg/kg;钒:61.7~85.9 mg/kg;钼:0.55~1.23 mg/kg。(3)水体pH:8.06~8.24;溶解氧:8.99~11.32 mg/L;电导率:558.2~792.2 μS/cm;浊度:19.16~1330.92 NTU;高锰酸盐指数:2.80~4.67 mg/L;氨氮:0.098~0.766 mg/L;总磷:0.092~0.143 mg/L;总氮:4.50~6.60 mg/L。

研究结论:(1)秦始皇帝陵土壤有机质、全氮、有效磷养分等级优,全磷、水解性氮养分等级差;华清宫土壤有效磷养分等级优,有机质、全氮、有效磷、速效钾养分等级差;老县城保护区土壤有机质、全氮、全磷、水解性氮养分等级优;佛坪保护区土壤有机质、全氮、全磷养分等级优,全钾、水解性氮养分等级差。综合评价:老县城保护区>佛坪保护区=华清宫>秦始皇帝陵。(2)土壤重金属含量不超标,无污染风险。(3)渭河水体溶解氧、氨氮评价均为Ⅰ类水,高锰酸盐指数、总磷评价均为Ⅲ类水,总氮评价为劣Ⅴ类水;榜沙河水体溶解氧评价为Ⅰ类水,高锰酸盐指数、氨氮、总磷评价均为Ⅱ类水,总氮评价为劣Ⅴ类水;葫芦河水体溶解氧评价为Ⅰ类水,高锰酸盐指数、氨氮、总磷评价均为Ⅲ类水,总氮评价为劣Ⅴ类水。整体上看,黄河陕西流域渭河、榜沙河、葫芦河总氮超标。

1　研究背景

九曲黄河从府谷县墙头村入陕,一路向南,流经晋陕之间的高山深谷,在西岳华山脚下的潼关调头东去,绵延达 719 km。黄河流域陕西段面积、人口和经济总量分别占陕西省的 65%、83% 和 88%,是黄河流域心脏地带,"黄土高原之芯",陕西黄河流域生态保护治理十分重要。今日三秦大地,黄河流域绿意更浓,大美湿地星罗棋布,沿黄经济蒸蒸日上,一幅人与自然和谐共生的生态画卷徐徐展开,黄土高原已成为全国增绿幅度最大区域。这条流经陕西的"母亲河"也成为造福三秦人民的"幸福河"(程靖峰,2020)。

2020 年 4 月 20 日至 23 日,习近平总书记陕西考察时强调,要坚持不懈开展退耕还林还草,推进荒漠化、水土流失综合治理,推动黄河流域从过度干预、过度利用向自然修复、休养生息转变,改善流域生态环境质量。

2　研究意义

本研究团队在 2021 年 7 月、2023 年 6 月赴黄河陕西流域开展调查(图 7-1),在 2023 年 6 月采集土样和水样,据此做生态保护与高质量发展评价。

图 7-1　2023 年黄河陕西流域调查合影

3　调查方法及过程

3.1　研究区域

秦始皇帝陵兵马俑景区,位于陕西省西安市临潼区。兵马俑是古代墓葬雕塑的一个类别。马俑即制成兵马(战车、战马、士兵)形状的殉葬品。秦始皇帝陵兵马俑被誉为"世界第八大奇迹"和世界十大古墓稀世珍宝之一。现为全国重点文物保护单位、世界文化遗产、国家一级博物馆、国家 5A 级旅游景区(白丹等,2016;杨焱,2023)。

华清宫景区,位于陕西省西安市临潼区,是在唐华清宫遗址的基础上修建而成,已成为融风景园林、文物遗址、温泉沐浴于一体的综合性的旅游胜地。这里也是中国唐宫文化旅游标志性景区,与颐和园、圆明园、承德避暑山庄并称为四大皇家园林。现为全国重点文物保护单位、国家 5A 级旅游景区(王嘉诚,2022;赵忆等,2024)。

老县城自然保护区位于秦岭南麓,北接太白自然保护区,南邻佛坪自然保护区,总面积 126.1 km²,处于陕西省西安市周至县,地理坐标 107°40′ ～ 107°49′ E,33°43′ ～ 33°57′ N,海拔 1524 ～ 2904 m。保护区属暖温带季风气候区,气候为典型的亚高山气候。保护区内动物资源丰富,如大熊猫、川金丝猴、金钱豹、林麝、羚牛。现为国家级自然保护区(刘正霄等,2020)。

佛坪自然保护区位于秦岭中段南坡,居于秦岭自然保护区群中心位置,总面积 285.9 km²,处于陕西省汉中市佛坪县,地理坐标 107°41′ ～ 107°55′ E,33°33′ ～ 33°46′ N,海拔 980 ～ 2904 m。土壤由低山至亚高山依次为黄棕壤、棕壤、暗棕壤和草甸土。保护区内国家一、二级重点保护动物众多,如大熊猫、扭角羚、金丝猴、豹。现为国家级自然保护区(岳明等,2002;谢峰淋等,2019)。

3.2 研究方法

实验室分析测定土壤 pH、有机质、全氮、全磷、全钾、水解性氮、有效磷、速效钾含量以及重金属含量。土壤有机质依据《LY/T 1237—1999 森林土壤有机质的测定》,采用滴定法测定;全氮和水解性氮依据《LY/T 1228—2015 森林土壤氮的测定》,采用凯氏定氮法和滴定法测定;全磷和有效磷依据《LY/T 1232—2015 森林土壤磷的测定》,采用碱熔‒钼锑抗分光光度法和比色法测定;全钾和速效钾依据《LY/T 1234—2015 森林土壤钾的测定》,采用原子吸收分光光度法测定。本次检测由青岛衡立检测研究院完成。

实验室分析测定水体 pH、溶解氧、电导率,浊度、高锰酸盐指数、氨氮、总磷、总氮含量。本次检测由临沂市科学探索实验室完成。

4　调查结果

4.1　土壤养分差异

检测分析黄河陕西流域秦始皇帝陵博物院景区、华清宫景区、老县城国家级自然保护区、佛坪国家级自然保护区7种土壤养分指标有机质、全氮、全磷、全钾、水解性氮、有效磷和速效钾含量差异(表7-1)。

表7-1　黄河陕西流域秦始皇帝陵博物院、华清宫、老县城国家级自然保护区、佛坪国家级自然保护区土壤养分

指标	实验组		对照组	
	秦始皇帝陵	华清宫	老县城保护区	佛坪保护区
pH	6.01	8.37	5.88	4.79
有机质	36.20	9.30	125.00	32.40
全氮	1.74	0.72	4.88	1.78
全磷	0.14	0.16	2.81	2.99
全钾	14.70	16.10	15.70	3.90
水解性氮	8.27	71.20	184.00	10.10
有效磷	37.00	167.00	12.90	7.13
速效钾	117.00	39.00	118.00	94.00

注:有机质、全氮、全磷、全钾单位均为g/kg;水解性氮、有效磷、速效钾单位均为mg/kg。

土壤有机质、有效磷含量:华清宫>秦始皇帝陵>老县城保护区>佛坪保护区;土壤全氮含量:老县城保护区>佛坪保护区>秦始皇帝陵>华清宫;土壤全磷含量:佛坪保护区>老县城保护区>华清宫>秦始皇帝陵;土壤全钾含量:华清宫>老县城保护区>秦始皇帝陵>佛坪保护区;土壤水解性氮含量:老县城保护区>华清宫>佛坪保护区>秦始皇帝陵;土壤速效钾含量:老县城保护区>秦始皇帝陵>佛坪保护区>华清宫。

4.2　土壤养分评价

依据《第二次全国土壤普查技术规程》土壤养分分级标准,采用土壤有机质、全氮、全磷、全钾、水解性氮、有效磷和速效钾7种养分指标,分别评价黄河陕西流域秦始皇帝陵博物院景区、华清宫景区、老县城国家级自然保护区、佛坪国家级自然保护区土壤养分等级(表7-2)。

表 7-2 黄河陕西流域秦始皇帝陵博物院、华清宫、老县城国家级自然保护区、
佛坪国家级自然保护区土壤养分等级

指标	实验组		对照组	
	秦始皇帝陵	华清宫	老县城保护区	佛坪保护区
有机质	2 级	5 级	1 级	2 级
全氮	2 级	6 级	1 级	2 级
全磷	6 级	6 级	1 级	1 级
全钾	4 级	3 级	3 级	6 级
水解性氮	6 级	4 级	1 级	6 级
有效磷	2 级	1 级	3 级	4 级
速效钾	3 级	5 级	3 级	4 级
平均	3.6 级	4.3 级	1.9 级	3.6 级

秦始皇帝陵土壤有机质、全氮、有效磷养分等级优,全磷、水解性氮养分等级差;华清宫土壤有效磷养分等级优,有机质、全氮、有效磷、速效钾养分等级差;老县城保护区土壤有机质、全氮、全磷、水解性氮养分等级优;佛坪保护区土壤有机质、全氮、全磷养分等级优,全钾、水解性氮养分等级差。综合评价:老县城保护区＞佛坪保护区＝华清宫＞秦始皇帝陵。

4.3 土壤重金属差异

检测分析黄河陕西流域秦始皇帝陵博物院景区、华清宫景区、老县城国家级自然保护区、佛坪国家级自然保护区土壤重金属铬、钼、镍、锌、镉、铅、铜、钒、砷、汞含量差异(表 7-3)。

表 7-3　黄河陕西流域秦始皇帝陵博物院、华清宫、老县城国家级自然保护区、
佛坪国家级自然保护区土壤重金属　　　　　　　　　(单位:mg/kg)

指标	实验组		对照组	
	秦始皇帝陵	华清宫	老县城保护区	佛坪保护区
砷	14.10	13.10	6.97	6.50
镉	0.07	0.11	0.07	0.20
铅	23.90	23.30	21.10	21.00
汞	0.16	0.10	0.08	0.09
铜	10.00	23.00	16.00	16.00

续表

指标	实验组		对照组	
	秦始皇帝陵	华清宫	老县城保护区	佛坪保护区
镍	23.00	31.00	20.00	17.00
锌	50.00	71.00	64.00	59.00
铬	82.00	70.00	46.00	40.00
钒	85.90	73.90	65.00	61.70
钼	1.23	0.85	0.71	0.55

土壤砷、铅、铬、钒、钼含量:秦始皇帝陵＞华清宫＞老县城保护区＞佛坪保护区;镉:佛坪保护区＞华清宫＞秦始皇帝陵＝老县城保护区;汞:秦始皇帝陵＞华清宫＞佛坪保护区＞老县城保护区;铜:华清宫＞老县城保护区＝佛坪保护区＞秦始皇帝陵;镍:华清宫＞秦始皇帝陵＞老县城保护区＞佛坪保护区;锌:华清宫＞老县城保护区＞佛坪保护区＞秦始皇帝陵。

4.4　土壤重金属评价

依据土壤环境质量土壤污染风险管控标准,采用土壤镉、铬、汞、镍、铅、砷、锌7种重金属指标,分别评价黄河陕西流域秦始皇帝陵博物院景区、华清宫景区、老县城国家级自然保护区、佛坪国家级自然保护区土壤污染风险,显示全部正常,不超标,无风险。

4.5　水质分析

检测分析黄河陕西流域渭河、榜沙河、葫芦河水质指标 pH、溶解氧、电导率、浊度、高锰酸盐指数、氨氮、总磷、总氮含量差异(图 7-2)。

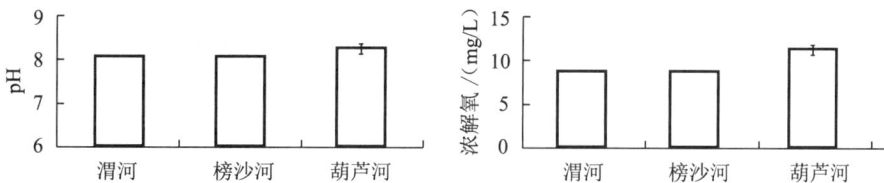

图 7-2　黄河陕西流域渭河、榜沙河、葫芦河水质

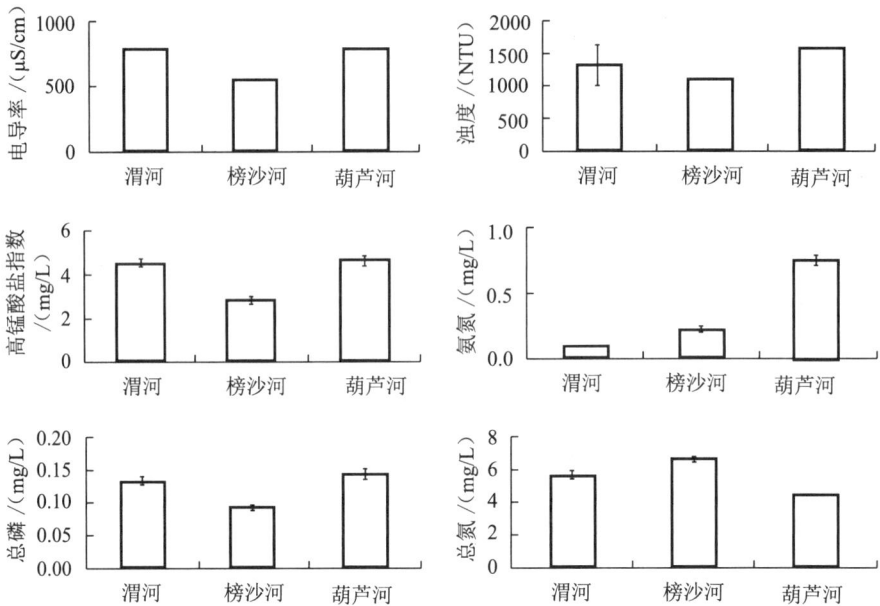

图 7-2（续） 黄河陕西流域渭河、榜沙河、葫芦河水质

水体 pH、溶解氧、氨氮含量均为葫芦河＞榜沙河＞渭河；水体电导率、高锰酸盐指数、总磷含量均为葫芦河＞渭河＞榜沙河；水体浊度为渭河＞葫芦河＞榜沙河；水体总氮含量为榜沙河＞渭河＞葫芦河。

4.6 水质评价

根据《GB 3838—2002 地表水环境质量标准》，采用水体溶解氧、高锰酸盐指数、氨氮、总磷、总氮含量单一指标，分别评价黄河陕西流域渭河、榜沙河、葫芦河水质（表 7-4）。

表 7-4 黄河陕西流域渭河、榜沙河、葫芦河水质评价

指标	渭河	榜沙河	葫芦河
溶解氧	Ⅰ类水	Ⅰ类水	Ⅰ类水
高锰酸盐指数	Ⅲ类水	Ⅱ类水	Ⅲ类水
氨氮	Ⅰ类水	Ⅱ类水	Ⅲ类水
总磷	Ⅲ类水	Ⅱ类水	Ⅲ类水
总氮	劣Ⅴ类水	劣Ⅴ类水	劣Ⅴ类水

渭河水体溶解氧、氨氮单一指标评价为Ⅰ类水，高锰酸盐指数、总磷为Ⅲ类水，总氮为劣Ⅴ类水；榜沙河水体溶解氧单一指标评价为Ⅰ类水，高锰酸盐指数、

氨氮、总磷为Ⅱ类水,总氮为劣Ⅴ类水;葫芦河水体溶解氧单一指标评价为Ⅰ类水,高锰酸盐指数、氨氮、总磷为Ⅲ类水,总氮为劣Ⅴ类水。整体上看,黄河陕西流域渭河、榜沙河、葫芦河总氮超标。

5　研学体会

5.1　秦始皇帝陵博物院

不知始皇惧何人,未崩先埋百万兵。

从郊区乘车来到秦始皇帝陵博物院。经过两次检票,迈步进入展区的入口,秦兵马俑就展现在我的面前了。一排排甲兵列阵成行,迎面一番壮丽。在人潮中穿行,来到白色栏杆处,我想要细看这沉默千年的士兵。一号坑道旁人声嘈杂,兵马俑静默如斯,但我仿佛又从他们紧闭的口中听到了依稀的呐喊与嘶吼声。

这些已经出土了的兵马俑,褪去了旧时的颜色,显露着深灰色的陶土。我想,这不是兵马俑的颜色,而是2000多年时光流逝的结果。在坑道的一侧,还能看到黑色的烧灼痕迹,那是秦汉之交楚霸王项羽火烧秦陵留下的碳痕。讲解员告诉我们,兵马俑的发掘工作还没有结束。在这2000多年的日子里,到底有多少人曾到过这秦兵马俑? 30万人马的项羽军队来了,有黑色的碳迹做证;古时下葬的贵人来了,有方形的棺痕做证;各式的盗贼也来了,有他们的盗洞为证……直到西安的农户打井打出陶片来,这浩浩荡荡的"秦国军队"才得以重见天日。到今天,参观兵马俑的旅客依旧能够看到当时打井的痕迹。

将古迹与游客隔开的栏杆离掩埋兵马俑的黄土很近,蹲下一伸手就能够到。同行的一位小朋友抓起一把土来,对我说,"这可是2000多年前的土,很珍贵",并放在红领巾里包好。我突然感到时空错乱了:那些曾经遥不可及的历史,现在是如此真切地展现在我的眼前。一抔黄土,在手中细细揉搓,它是多么厚重与绵柔,见证了2000多年来这片黄土地上的历史兴衰、人世浮沉,而且越发细腻。就像我们这个民族的性格:温柔地揉搓它,它也以绵软回应;但若是遇到猛烈的捶击,亦能够变得坚硬无比。

兵马俑几乎全部向东而立,在他们正后方,研究人员还在拼接着一些士兵的碎片。兵马俑刚出土时带着彩绘,然而出土不久后彩绘就会脱落,因而兵马俑并没有被全部发掘出来,目前展出的兵马俑面积还不到秦陵总面积的3/10000。兵马俑的展出实行"三三三制",即1/3开挖展出、1/3原土保护。在一号坑后面的平台上还能看见没有修复完成的兵马俑,在坑道中的黄土下面还掩埋着未被开挖的、着颜色的秦兵马俑。

作别辛苦勤劳的研究人员,走出一号坑,在树荫下稍作休息,我们便来到了三号坑。三号坑的入口,用鎏金的小篆写着"秦兵马俑三号坑遗址"。这个小篆,就是秦始皇当年"车同轨,书同文"时推行的秦小篆。三号坑的面积不大,放在整个秦陵中更不过沧海一粟,但在这支恢宏浩大的古代军队中,担任着重要的"中枢神经"的作用——军队的指挥中心。与一号坑士兵的向东而立不同,三号坑士兵两两相对而立,手中所拿也不像一号坑是实战性兵器,而是一种祭祀用的礼仪性兵器——铜殳。三号坑分为南厢房、车马房和北厢房三个部分,将士们在南厢房商量对策,做出决定后到北厢房占卜,最后从中间的车马房将指令传达出去。

从三号坑走到二号坑去,并没有见到兵马俑,这是怎么回事呢?原来,二号坑是原土回填坑,向我们展示的是兵马俑还没有开挖前的样子。横纵的古墙区分布着各式的兵种,秦砖散落,难言陈旧,却昭示着那黄土下曾经的金戈铁马、气吞山河。

在已经发掘的8000多尊兵马俑中有一个"幸运之星",这是已出土的兵马俑中唯一一个完好无缺的陶俑——跪射俑。可能是因为他在单膝跪地准备射箭吧,不管是项羽的大火,还是俑坑的坍塌,2000多年间的历练似乎都没有影响他。走到玻璃展柜前,细细端详他的容貌,看他高耸的发冠,端庄的面容上略带笑意,铠甲整齐地穿在身上,甲片个个紧挨。衣袖上的皱纹,鞋底的针脚,还有他紧握的双手、直视前方的眼睛,无不显示出他保卫国家、争取胜利的决心。这细节的表现,不禁使我惊叹秦时工匠的技艺。细细端详着他,慢慢挪步到他的背后,我忽而发现,在这尊俑背后的条带上还留有2000多年前的红色,这用朱砂涂抹的朱红还是如此的鲜明。这精致的陶俑是如何制作的呢?在他的背后埋藏着太多太多的秘密等待我们去一一揭开。

人潮涌动,我们来到了将军俑(高级军吏俑)的面前。将军曾把宝剑立于身前,两眼目视前方,似乎还在怀念着远方的战场。将军的鞋尖翘起,还有他略微隆起的腹部、所披精美的铠甲都彰显着他不同于一般的士兵。在将军俑的旁边,他的文官就站在那里。中级军吏俑儒雅谦和,一只手前伸似是要为将军出谋划策。另外一只已经空了的手里,或曾经拿着竹简。他的鞋尖平直,大抵还算不上将领吧。因为是文官,他身着的铠甲只有在胸前有装饰性的甲片,其余地方都是布衣。绕过拐角我们就能够看到牵着马的骑兵俑。我注意到,在陶马的身上有一个圆洞,大抵也是时光的印记吧。

在陶马直视的前方,有一个拉弓射箭的立射俑。他全身布衣,斜着身子,双手成拉弓射箭之势,目光向斜下方看去,眼神里带着青年人特有的青涩与坚毅。是的,依照他的模样推测,这是一位十七八岁的青年人。他应该是站在军队的最前方,直面着来袭的敌人,脸上却没有一丝的犹豫与畏惧。他把弓箭拉起来了,他要击退那来犯之人,在国家社稷的使命面前,死亡又算得了什么!

有谁能记得古人的困苦与欢欣?抬头看去那明月皎皎照过古人照今人。始皇帝乘百万之师,灭六国,而后书同文、车同轨,不过15年而亡。今日观之兵马俑,当时的军队不可谓不盛,有如此之势,终为项羽刘邦所灭,实在是令人叹息:叹息他嬴政不体察民情,叹息他秦朝穷兵黩武。陶俑精美,秦政鄙陋,国家由人民筑起,而不为肉食者所驱。陈胜吴广揭竿起,秦国六庙晦。此间唯可惧者,乃是田间一锄一锄耕作的农夫、一砖一瓦砌起高楼的工匠。秦国由民所建,违民而毁,放之今日,理亦依然。

从景区出来,我们又要奔向下一个地方,这兵马俑带给我的记忆与感受让我说不出话来。"长歌当哭,需是在痛定之后的",现在我已回到家中提笔写下这句诗:"无惧秦时百万兵,唯念天下劳动人。"

5.2　华清宫景区

从甘南坐了10小时的大巴车终于在一个细雨蒙蒙的夜里来到古都长安。对于西安,我更喜欢叫它长安,因为里面蕴藏着几千年的历史文化传承,到处都是古城墙、古建筑,向我们诉说着一段段不凡的历史,让后人去探究,去追寻。这座承载了中国很多记忆的地方,是多少人自古以来的向往,踏入皇城,"一日看尽长安花"。西安的历史、民俗、美食……都是吸引我们来到这里的理由。来到西安,不得不来的地方就是华清宫。

华清宫南依骊山,北邻渭水,倚骊峰山势而筑,规模宏大,建筑壮丽,满目苍翠,亭台楼阁遍布骊山上下,隐约于葱葱茏茏的苍松翠柏之中,在古代是皇家的行宫别苑。其初名"汤泉宫",后改名"温泉宫"。唐玄宗将其更名为"华清宫",因在骊山,又叫骊山宫,亦称骊宫、绣岭宫。华清宫又名华清池。

1959年,郭沫若亲笔题写了"华清池"醒目的金字匾,并撰写了"华清池水色清苍,次日规模越盛唐。不仅宫池依旧制,而今庶民尽天王"的诗句。

步入华清池西门,首先看到的就是长生殿和它前面的芙蓉湖。华清宫中的长生殿,最早建于唐代天宝六年,其更为人所知的是唐玄宗和杨贵妃的爱情故事。白居易在《长恨歌》中写道:"七月七日长生殿,夜半无人私语时。在天愿作比翼鸟,在地愿为连理枝。"长生殿也由此成为中国古典浪漫爱情的圣地。导游说:"唐朝时,长生殿是建在骊山西绣岭第三峰上的,现在的长生殿为2005年重建在华清池的。"攀上西绣岭第三峰,就可以看见长生殿遗址。

过了长生殿我们来到了九龙湖。九龙桥将湖面分为上、下两湖,上湖建有喷泉,下湖有龙船和贵妃入浴雕像。上湖南岸的一亭榭下伸出一大龙头,龙口有泉水不断涌出。堤壁间已有八龙吐水,与大龙头合为九龙之数,九龙湖因此而得名。湖东岸的山石上刻着"风景这边独好""龙湖镜天""华清胜地"等题字。导游说陕西省旅游局以九龙湖为舞台,以骊山为背景,根据白居易的长篇诗歌《长恨歌》为蓝本,利用真山、真水打造出了中国首部大型实景历史舞剧《长恨歌》,演绎了唐玄宗与杨贵妃那段哀婉动人的爱情故事。可惜行程太紧,我们没时间观看,等下次来,一定要好好欣赏。

九龙湖对面那一片飞檐翘角、红墙绿瓦的唐式建筑就是唐玄宗与杨贵妃的卧室——飞霜殿,据说冬季温泉喷出的水汽在寒冷的空气中,凝结出无数美丽的霜蝶,因此而得名飞霜殿。

骊山脚下的华清宫最出名的就是它的温泉。"不尽温柔汤泉水,千古风流华清宫。"华清宫的温泉水晶莹剔透,无色无味,一年四季恒温43℃。温泉水中含有硫酸根离子及钙、镁、钠离子等矿物质,它们能使人的皮肤洁白、光滑、细腻,故华清宫温泉被后人称为"天下第一温泉"。

来到华清宫一定要去杨贵妃沐浴的"海棠汤"看一看。"海棠汤",因其造型酷似一朵盛开的海棠花而得名,是一个椭圆形的海棠花形状的两层浴池。池外有一活泉,泉水汩汩流出,温和潺暖,游客们纷纷伸出手去感受那温泉水,也算体会了一把"温泉水滑洗凝脂"的感觉,真的特别舒服。

游览过御汤遗址,穿过荷花池,睹毕望湖楼,赏完飞霞阁,我们来到著名的"五间厅"。五间厅,又名"桐荫轩",这座砖木结构的厅房,南依骊山,坐南面北,因由五个单间厅房相连而得名。五间厅看似普通,却因重大历史事件发生而不同凡响。展室简介记载,五间厅始建于清光绪二十六年(1900年);八国联军侵华,慈禧和光绪西逃途经临潼时均下榻五间厅;1936年10月、12月蒋介石两次入陕,以华清宫为"行辕",下榻五间厅。1936年,蒋介石不顾全国人民一致要求抗日的呼声,坚持"攘外必先安内"的政策,于12月坐镇华清宫五间厅督剿共产党。张学良、杨虎城两位将军在中国共产党抗日民族统一战线的影响下,多次劝谏蒋介石停止内战、联共抗日,均遭拒绝。张、杨无奈,以民族危亡为己任,以大无畏的英雄气概,毅然发动兵谏,于1936年12月12日夜枪响五间厅,在院内进行了一场激战。蒋介石在寝室听见枪声,从后窗仓皇出走,越后墙而过,跃入深沟,碰伤脊背,由侍卫搀扶上山,匿身于西绣岭虎斑石处的草丛中,被抓捕送往西安,这就是震惊中外的"西安事变"。

驻足五间厅,各房间办公室用的桌子、椅子、床、沙发、茶具、火炉、地毯、电话等均被原貌复制摆放。五间厅的玻璃、墙壁上,迄今还保留兵谏发生激战时的多处弹痕,无声叙述着那段令无数国人追思不已的历史。沿骊山西绣岭逶迤而上,虎斑石旁"兵谏亭"屹立于此,这里翠柏青苍、绿树成荫,石阶层层、清风阵阵,成为骊山风景区重要景致之一。游人驻望"兵谏亭",缅怀张学良、杨虎城两位爱国将领"捉蒋抗日"的不朽功勋。现在五间厅被列为全国重点文物保护单位,也是著名的爱国主义教育基地。

走出华清宫,我不禁深深感怀。这里让人留恋的不仅是山水秀美、雕栏画栋、皇家建筑、园林景致,更因为如此多的历史事件在此发生,如此多的历史名人在此生活。一砖一瓦,一汤一泉,仿佛能感受到他们的气息。岁月流逝,朝代更替,穿越千年,仍令世人难以忘怀。

第八章　黄河河南流域生态研学

核心素养

文化基础／人文底蕴／人文情怀

文化基础／科学精神／勇于探索

社会参与／责任担当／社会责任

社会参与／实践创新／问题解决

学习方式

查阅信息、交流访问、野外调查、讨论与展示

研学五问

1.如何在给定的生态研学项目中开展一项个性化创新课题研究？

2.如何完善这一项个性化创新课题？

3.开展这一项个性化创新课题需要做哪些准备？

4.你打算如何展示该项创新课题成果？

5.你有什么收获和体会？

110

研究目的：组织实施黄河河南流域生态研学，开展土壤和水体调查研究，科学评价，为黄河河南流域土壤保护和水质维持提供依据。

研究方法：以龙门石窟景区、白马寺景区、陕州地坑院景区为实验组，以太行大峡谷景区、殷墟遗址博物馆景区为对照组，随机挖取表层土样约 1 kg 封袋，带回实验室检测 7 种养分指标和 10 种重金属指标，分析评价土壤养分和重金属含量。以黄河河南流域窄口长桥、龙门大桥、白马寺、七里铺、封丘王堤断面为实验组，随机采集表层水样约 1 L 各 5 份装瓶，带回实验室检测 pH、溶解氧、电导率、浊度、高锰酸盐指数、氨氮、总磷、总氮，分析评价水质。

调查结果：（1）土壤 pH：6.53 ～ 8.20；有机质：8.40 ～ 52.90 g/kg；全氮：0.57 ～ 2.83 g/kg；全磷：0.07 ～ 2.02 g/kg；全钾：14.10 ～ 20.20 g/kg；水解性氮：8.60 ～ 535.00 mg/kg；有效磷：15.10 ～ 66.30 mg/kg；速效钾：44.60 ～ 450.00 mg/kg。（2）土壤砷含量：6.31 ～ 14.90 mg/kg；镉：0.07 ～ 0.97 mg/kg；铅：15.3 ～ 51.4 mg/kg；汞：0.07 ～ 2.71 mg/kg；铜：19 ～ 51 mg/kg；镍：18 ～ 34 mg/kg；锌：55 ～ 110 mg/kg；铬：48 ～ 65 mg/kg；钒：50.8 ～ 75.2 mg/kg；钼：0.41 ～ 1.19 mg/kg。（3）水体 pH：7.46 ～ 8.40；溶解氧：6.11 ～ 9.36 mg/L；电导率：373.1 ～ 895.5 μS/cm；浊度：8.40 ～ 33.70 NTU；高锰酸盐指数：1.90 ～ 6.52 mg/L；氨氮：0.025 ～ 0.525 mg/L；总磷：0.027 ～ 0.129 mg/L；总氮：1.08 ～ 2.94 mg/L。

研究结论：（1）龙门石窟土壤有机质、全氮、全磷、水解性氮、有效磷、速效钾养分等级优；白马寺土壤全磷、速效钾养分等级优，水解性氮养分等级差；陕州地坑院土壤有机质、全氮、全磷、水解性氮、速效钾养分等级差，有效磷养分等级优；太行大峡谷土壤有机质、全氮、全钾、有效磷、速效钾养分等级优，水解性氮养分等级差；殷墟土壤全钾、有效磷、速效钾养分等级优，水解性氮养分等级差。综合评价：龙门石窟＞太行大峡谷＞殷墟＞白马寺＞陕州地坑院。（2）殷墟土壤镉含量、龙门石窟土壤汞含量超出污染限值，存在风险。（3）窄口长桥水体溶解氧、氨氮评价均为Ⅰ类水，高锰酸盐指数、总磷评价均为Ⅱ类水，总氮评价为Ⅳ类水；龙门大桥溶解氧、高锰酸盐指数、氨氮评价均为Ⅰ类水，总磷评价为Ⅱ类水，总氮评价为劣Ⅴ类水；白马寺水体氨氮评价为Ⅰ类水，溶解氧、高锰酸盐指数评价均为Ⅱ类水，总磷评价为Ⅲ类水，总氮评价为劣Ⅴ类水；七里铺水体溶解氧、高锰酸盐指数评价均为Ⅱ类水，氨氮、总磷评价均为Ⅲ类水，总氮评价为劣Ⅴ类水；封丘王堤水体溶解氧、氨氮评价均为Ⅱ类水，总磷评价为Ⅲ类水，高锰酸盐指数、总氮评价均为Ⅳ类水。整体上看，黄河河南流域龙门大桥、白马寺、七里铺断面均总氮超标。

1 项目背景

黄河在灵宝市进入河南省境,流经三门峡、济源、洛阳、郑州、焦作、新乡、开封、濮阳 8 个省辖市。孟津县白鹤乡以上是一段峡谷,其下均为平原。河南省内黄河干流河长 711 km,主要支流有伊洛河、沁河水系,黄河河南流域 3.62×10^4 km²,占河南省总面积的 21.7%。河南是黄河文化核心区和集大成之地之一,古城、古迹等人文资源极为丰富。近年来,沿黄各地聚焦文旅融合,以文塑旅、以旅彰文,通过文旅产业发展带动黄河文化重焕神采。

2019 年 9 月 17 日至 18 日,习近平总书记到河南考察。习近平总书记主持召开黄河流域生态保护和高质量发展座谈会并发表重要讲话。强调要坚持绿水青山就是金山银山的理念,坚持生态优先、绿色发展,以水而定、量水而行,因地制宜、分类施策,上下游、干支流、左右岸统筹谋划,共同抓好大保护,协同推进大治理,着力加强生态保护治理、保障黄河长治久安、促进全流域高质量发展、改善人民群众生活、保护传承弘扬黄河文化,让黄河成为造福人民的幸福河。

2 项目研究意义

本研究团队在 2020 年 10 月、2021 年 7 月、2023 年 4 月、2023 年 5 月和 2023 年 6 月,五赴黄河河南流域开展调查(图 8-1),在 2023 年 4 月采集土样和水样,据此做生态保护与高质量发展评价。

图 8-1 2020—2023 黄河河南流域调查合影

图 8-1（续） 2020—2023 黄河河南流域调查合影

3 调查方法及过程

3.1 研究区域

龙门石窟景区,位于河南省洛阳市,始凿于北魏孝文帝年间,盛于唐,终于清末。龙门石窟造像多为皇家贵族所建,是世界上绝无仅有的皇家石窟。龙门石窟是世界上造像最多、规模最大的石刻艺术宝库,被联合国教科文组织评为"中国石刻艺术的最高峰",位居中国各大石窟之首。2018 中国黄河旅游大会上,龙门石窟景区被评为"中国黄河 50 景",现为全国重点文物保护单位、世界文化遗产、国家 5A 级旅游景区(丁明夷,1979;范子龙等,2024)。

白马寺景区,位于河南省洛阳市瀍河回族区白马寺镇,是中国佛教的发源地,始建于东汉永平十一年(公元 68 年),是佛教传入中国后兴建的第一座官办寺院。作为国际化程度最高的寺院之一,白马寺可谓名副其实的"天下第一寺"。现为全国重点文物保护单位、全国汉传佛教重点寺院、国家 4A 级旅游景区(李永强等,2012;单琳和屈秀伟,2022)。

陕州地坑院景区，位于河南省三门峡市陕州区，当地人称为"天井院""地阴坑""地窑"，是古代人们穴居方式的遗留，被称为中国北方的"地下四合院"，现为中国地坑窑院文化之乡、国家级非物质文化遗产、"中国传统村落"、国家 4A 级旅游景区（陈静等，2020；王茜萌和卫红，2024）。

太行大峡谷景区，位于河南省安阳市林州石板岩乡，核心景区包括泉潭叠瀑桃花谷、百里画廊太行天路、太行之魂王相岩、原始生态峡谷漂流、人间仙境仙霞谷。太行大峡谷南北长 50 km，东西宽 1.5 km，总面积 89 km²。现为国家级风景名胜区、国家 5A 级旅游景区（吴娜等，2006；王道勋，2014）。

殷墟遗址博物馆景区，位于河南省安阳市殷都区洹河南北两岸，是商朝后期都城遗址，以小屯村为中心，面积约 30 km²。殷墟遗迹主要包括城墙基址、大灰沟、道路、夯土建筑基址、地穴和半地穴居住址、灰坑窖穴、水井、祭祀遗存、手工业作坊遗址、王陵区、家族墓地和车马坑等。殷墟是中国历史上第一个有文献可考并为考古学和甲骨文所证实的都城遗址，因而殷都安阳排在中华古都之首。现为全国重点文物保护单位、世界文化遗产、国家 5A 级旅游景区（中国社会科学院考古研究所安阳工作队，1979；吴雪，2024）。

3.2 研究方法

实验室分析测定土壤 pH、有机质、全氮、全磷、全钾、水解性氮、有效磷、速效钾含量以及重金属含量。土壤有机质依据《LY/T 1237—1999 森林土壤有机质的测定》，采用滴定法测定；全氮和水解性氮依据《LY/T 1228—2015 森林土壤氮的测定》，采用凯氏定氮法和滴定法测定；全磷和有效磷依据《LY/T 1232—2015 森林土壤磷的测定》，采用碱熔 - 钼锑抗分光光度法和比色法测定；全钾和速效钾依据《LY/T 1234—2015 森林土壤钾的测定》，采用原子吸收分光光度法测定。本次检测由青岛衡立检测研究院完成。

实验室分析测定水体 pH、溶解氧、电导率，浊度、高锰酸盐指数、氨氮、总磷、总氮含量。本次检测由临沂市科学探索实验室完成。

4 调查结果

4.1 土壤养分差异

检测分析黄河河南流域龙门石窟景区、白马寺景区、陕州地坑院景区、太行大峡谷景区、殷墟遗址博物馆景区7种土壤养分指标有机质、全氮、全磷、全钾、水解性氮、有效磷和速效钾含量差异(表8-1)。

表8-1 黄河河南流域龙门石窟、白马寺、陕州地坑院、太行大峡谷、殷墟景区土壤养分

指标	实验组			对照组	
	龙门石窟	白马寺	陕州地坑院	太行大峡谷	殷墟
pH	6.53	7.69	8.17	8.20	7.81
有机质	52.90	14.60	8.40	46.50	26.30
全氮	2.83	0.83	0.57	2.33	0.83
全磷	1.91	0.82	0.07	0.77	2.02
全钾	17.90	19.40	14.10	20.20	18.10
水解性氮	535.00	46.30	21.40	22.00	8.60
有效磷	66.30	15.10	58.00	24.40	22.30
速效钾	450.00	183.00	44.60	284.00	216.00

注:有机质、全氮、全磷、全钾单位均为g/kg;水解性氮、有效磷、速效钾单位均为mg/kg。

土壤有机质含量:龙门石窟>太行大峡谷>殷墟>白马寺>陕州地坑院;土壤全氮含量:龙门石窟>太行大峡谷>白马寺=殷墟>陕州地坑院;土壤全磷含量:殷墟>龙门石窟>白马寺>太行大峡谷>陕州地坑院;土壤全钾含量:太行大峡谷>白马寺>殷墟>龙门石窟>陕州地坑院;土壤水解性氮含量:龙门石窟>白马寺>太行大峡谷>陕州地坑院>殷墟;土壤有效磷含量:龙门石窟>陕州地坑院>太行大峡谷>殷墟>白马寺;土壤速效钾含量:龙门石窟>太行大峡谷>殷墟>白马寺>陕州地坑院。

4.2 土壤养分评价

依据《第二次全国土壤普查技术规程》土壤养分分级标准,采用土壤有机质、全氮、全磷、全钾、水解性氮、有效磷和速效钾7种养分指标,分别评价黄河河南流域龙门石窟景区、白马寺景区、陕州地坑院景区、太行大峡谷景区、殷墟遗址博物馆景区土壤养分等级(表8-2)。

龙门石窟土壤有机质、全氮、全磷、水解性氮、有效磷、速效钾养分等级优;白马寺土壤全磷、速效钾养分等级优,水解性氮养分等级差;陕州地坑院土壤有机质、全氮、全磷、水解性氮、速效钾养分等级差,有效磷养分等级优;太行大峡谷土壤有机质、全氮、全钾、有效磷、速效钾养分等级优,水解性氮养分等级差;殷墟

土壤全钾、有效磷、速效钾养分等级优,水解性氮养分等级差。综合评价:龙门石窟>太行大峡谷>殷墟>白马寺>陕州地坑院。

表8-2 黄河河南流域龙门石窟、白马寺、陕州地坑院、太行大峡谷、殷墟景区土壤养分等级

指标	实验组			对照组	
	龙门石窟	白马寺	陕州地坑院	太行大峡谷	殷墟
有机质	1级	4级	5级	1级	3级
全氮	1级	4级	5级	1级	4级
全磷	1级	2级	6级	4级	1级
全钾	3级	3级	4级	2级	3级
水解性氮	1级	5级	6级	6级	6级
有效磷	1级	3级	1级	2级	2级
速效钾	1级	2级	5级	1级	1级

4.3 土壤重金属差异

检测分析黄河河南流域龙门石窟景区、白马寺景区、陕州地坑院景区、太行大峡谷景区、殷墟遗址博物馆景区土壤重金属铬、钼、镍、锌、镉、铅、铜、钒、砷、汞含量差异(表8-3)。

表8-3 黄河河南流域龙门石窟、白马寺、陕州地坑院、太行大峡谷、殷墟景区土壤重金属

指标	实验组			对照组	
	龙门石窟	白马寺	陕州地坑院	太行大峡谷	殷墟
砷	11.30	14.90	10.60	7.06	6.31
镉	0.16	0.11	0.07	0.29	0.97
铅	51.40	27.00	21.00	21.30	15.30
汞	2.71	0.09	0.07	0.08	0.89
铜	51.00	21.00	19.00	21.00	28.00
镍	24.00	27.00	34.00	18.00	18.00
锌	92.00	78.00	55.00	85.00	110.00
铬	52.00	53.00	65.00	52.00	48.00
钒	50.80	75.20	54.80	68.10	59.40
钼	0.66	1.19	0.50	0.82	0.41

注:铬、钼、镍、锌、镉、铅、铜、钒、砷、汞单位均为 mg/kg。

土壤砷含量:白马寺>龙门石窟>陕州地坑院>太行大峡谷>殷墟;土壤

镉含量：殷墟＞太行大峡谷＞龙门石窟＞白马寺＞陕州地坑院；土壤铅含量：龙门石窟＞白马寺＞太行大峡谷＞陕州地坑院＞殷墟；土壤汞含量：龙门石窟＞殷墟＞白马寺＞太行大峡谷＞陕州地坑院；土壤铜含量：龙门石窟＞殷墟＞白马寺＝太行大峡谷＞陕州地坑院；土壤镍含量：陕州地坑院＞白马寺＞龙门石窟＞太行大峡谷＝殷墟；土壤锌含量：殷墟＞龙门石窟＞太行大峡谷＞白马寺＞陕州地坑院；土壤铬含量：陕州地坑院＞白马寺＞龙门石窟＝太行大峡谷＞殷墟；土壤钒含量：白马寺＞太行大峡谷＞殷墟＞陕州地坑院＞龙门石窟；土壤钼含量：白马寺＞太行大峡谷＞龙门石窟＞陕州地坑院＞殷墟。

4.4 土壤重金属评价

依据土壤环境质量土壤污染风险管控标准,采用土壤镉、铬、汞、镍、铅、砷、锌7种重金属指标,分别评价黄河河南流域龙门石窟景区、白马寺景区、陕州地坑院景区、太行大峡谷景区、殷墟遗址博物馆景区土壤污染风险,殷墟土壤镉含量、龙门石窟土壤汞含量超出污染限值,存在风险。

4.5 水质分析

检测分析黄河河南流域窄口长桥、龙门大桥、白马寺、七里铺、封丘王堤断面水质指标pH、溶解氧、电导率、浊度、高锰酸盐指数、氨氮、总磷、总氮含量差异(表8-4)。

表8-4 黄河河南流域窄口长桥、龙门大桥、白马寺、七里铺、封丘王堤断面水质

指标	窄口长桥	龙门大桥	白马寺	七里铺	封丘王堤
pH	8.40±0.03	7.65±0.03	7.82±0.01	8.05±0.05	7.46±0.04
溶解氧	9.36±0.15	7.86±0.30	7.34±0.20	7.43±0.35	6.11±0.79
电导率	373.1±0.33	585.9±14.83	474.0±18.52	455.5±4.31	897.5±24.30
浊度	8.4±0.22	30.3±2.09	30.9±0.52	33.7±5.05	33.3±2.59
高锰酸盐指数	2.16±0.03	1.90±0.04	2.99±0.10	2.78±0.10	6.52±0.25
氨氮	0.025±0.00	0.027±0.00	0.057±0.01	0.525±0.07	0.176±0.03
总磷	0.027±0.00	0.037±0.00	0.101±0.00	0.111±0.00	0.129±0.00
总氮	1.08±0.08	2.94±0.13	2.66±0.08	2.09±0.08	1.25±0.07

注：溶解氧、高锰酸盐指数、氨氮、总磷、总氮单位均为mg/L；电导率单位为μS/cm；浊度单位为NTU。

水体pH：窄口长桥＞七里铺＞白马寺＞龙门大桥＞封丘王堤；水体溶解氧

含量:窄口长桥>龙门大桥>七里铺>白马寺>封丘王堤;水体电导率:封丘王堤>龙门大桥>白马寺>七里铺>窄口长桥;水体浊度、氨氮含量:七里铺>封丘王堤>白马寺>龙门大桥>窄口长桥;水体高锰酸盐指数:封丘王堤>白马寺>七里铺>窄口长桥>龙门大桥;水体总磷含量:封丘王堤>七里铺>白马寺>龙门大桥>窄口长桥;水体总氮含量:龙门大桥>白马寺>七里铺>封丘王堤>窄口长桥。

4.6 水质评价

根据《GB 3838—2002 地表水环境质量标准》,采用水体溶解氧、高锰酸盐指数、氨氮、总磷、总氮含量单一指标,分别评价黄河河南流域窄口长桥、龙门大桥、白马寺、七里铺、封丘王堤断面水质(表 8-5)。

表 8-5　黄河河南流域窄口长桥、龙门大桥、白马寺、七里铺、封丘王堤断面水质评价

指标	窄口长桥	龙门大桥	白马寺	七里铺	封丘王堤
溶解氧	Ⅰ类水	Ⅰ类水	Ⅱ类水	Ⅱ类水	Ⅱ类水
高锰酸盐指数	Ⅱ类水	Ⅰ类水	Ⅱ类水	Ⅱ类水	Ⅳ类水
氨氮	Ⅰ类水	Ⅰ类水	Ⅰ类水	Ⅲ类水	Ⅱ类水
总磷	Ⅱ类水	Ⅱ类水	Ⅲ类水	Ⅲ类水	Ⅲ类水
总氮	Ⅳ类水	劣Ⅴ类水	劣Ⅴ类水	劣Ⅴ类水	Ⅳ类水

窄口长桥水体溶解氧、氨氮含量单一指标评价均为Ⅰ类水,高锰酸盐指数、总磷评价均为Ⅱ类水,总氮评价为Ⅳ类水;龙门大桥溶解氧、高锰酸盐指数、氨氮含量单一指标评价均为Ⅰ类水,总磷评价为Ⅱ类水,总氮评价为劣Ⅴ类水;白马寺水体氨氮含量单一指标评价为Ⅰ类水,溶解氧、高锰酸盐指数评价均为Ⅱ类水,总磷评价为Ⅲ类水,总氮评价为劣Ⅴ类水;七里铺水体溶解氧、高锰酸盐指数单一指标评价均为Ⅱ类水,氨氮、总磷评价均为Ⅲ类水,总氮评价为劣Ⅴ类水;封丘王堤水体溶解氧、氨氮含量单一指标评价均为Ⅱ类水,总磷评价为Ⅲ类水,高锰酸盐指数、总氮评价均为Ⅳ类水。整体上看,黄河河南流域龙门大桥、白马寺、七里铺断面均为总氮超标。

4.7 水质相关性

相关性分析显示,水体 pH 与溶解氧含量极显著正相关($p < 0.01$),与电导率、浊度、高锰酸盐指数、总磷含量极显著负相关($p < 0.01$);水体溶解氧与电导

率、浊度、高锰酸盐指数、总磷含量极显著负相关($p < 0.01$);水体电导率与高锰酸盐指数、总磷含量极显著正相关($p < 0.01$),与浊度显著正相关($p < 0.05$);水体浊度与总磷含量极显著正相关($p < 0.01$),与高锰酸盐指数、氨氮、总氮含量显著正相关($p < 0.05$);水体高锰酸盐指数与总磷含量极显著正相关($p < 0.01$),与总氮含量显著负相关($p < 0.05$);水体氨氮与总磷含量极显著正相关($p < 0.01$)(表8-6)。

表8-6　黄河河南流域窄口长桥、龙门大桥、白马寺、七里铺、封丘王堤断面水质相关性

指标	pH	溶解氧	电导率	浊度	高锰酸盐指数	氨氮	总磷
pH	1.000	—	—	—	—	—	—
溶解氧	0.753**	1.000	—	—	—	—	—
电导率	-0.824**	-0.614**	1.000	—	—	—	—
浊度	-0.651**	-0.510**	0.456*	1.000	—	—	—
高锰酸盐指数	-0.589**	-0.564**	0.847**	0.372*	1.000	—	—
氨氮	0.070	-0.271	-0.019	0.439*	0.138	1.000	—
总磷	-0.502**	-0.673**	0.528**	0.666**	0.736**	0.570**	1.000
总氮	-0.329	-0.138	-0.163	0.403*	-0.460*	-0.053	-0.066

注:**$p < 0.01$;*$p < 0.05$。

5　研学体会

5.1　龙门石窟

"若问古今兴废事,请君只看洛阳城。""千年帝都"洛阳历经千年盛衰,兴盛于隋唐时期,而龙门石窟便是盛唐时期的最佳见证。余秋雨先生曾评价:"唐代是一个伟大的时代,而龙门石窟就是刻在石头上的唐朝。"来到龙门石窟,自己仿佛真的处于盛唐时期,似乎看到了大唐盛世繁华,有一种跨越时间与空间的独特感受。

远望龙门,两山对峙,伊水缓缓流淌;走进龙门,到处可见的石窟,可谓震撼。从北门进来,首先映入眼帘的是潜溪寺,在这里能看到位居中央的阿弥陀佛,他看起来静穆慈祥,而两侧观世音以及大势至菩萨文雅文静,给人以安详的感觉,让我们感受到唐朝雕刻艺术的精湛。接着,便来到了宾阳洞,"宾阳"意为迎接出

生的太阳,释迦牟尼端坐在中间,莲花宝盖周围是八个伎乐和两个供养天人,他们衣带飘扬,姿态优美动人。释迦牟尼面颊清瘦,看起来文雅祥和。在这里,可以看到摆着"剪刀手"的佛像,而"剪刀手"由佛教手印风化而成。在这里,我们能感受到唐朝与北魏的审美以及雕刻技术的不同。再往前走,沿周围石壁走,登上长梯,我们进一步来到摩崖三佛龛,里面有七尊佛像,三身坐佛,四身立佛,弥勒佛坐于中间方台上,头顶有所破坏,仅雕出轮廓并没有打磨。因为武周政权垮台,所以摩崖三佛龛停工。万佛洞,里面有 15000 尊小佛,窟顶有一朵精美的莲花,主佛阿弥陀佛端坐于双层莲花座上,而周围的四位金刚力士与其形成鲜明对比,突出了阿弥陀佛的安详。还有背后 52 朵莲花上端坐着 52 位菩萨,他们形态各异,可谓生动形象。而六位伎乐人婀娜多姿,翩翩起舞,给人以视觉震撼。继续往前走,便来到莲花洞,莲花"出淤泥而不染"为佛教象征。莲花周围飞天体态轻盈,婀娜多姿。在主佛释迦牟尼的左侧站着迦叶弟子,他手持锡杖,但头部被盗,现存于国外博物馆,让人甚是惋惜。

最吸引人的莫过于奉先寺——龙门石窟最具代表性的雕刻艺术,卢舍那大佛端守于此处。卢舍那大佛像高 17.14 m,面部丰满圆润,微微注视着下方,双耳略向下垂,身着通肩式袈裟,简朴且不华丽。整尊佛像睿智而慈祥,让人敬而不惧。"卢舍那"的意思即为光明普照,智慧广大,不少旅客来到卢舍那大佛前祈祷。站在舍卢那佛前,看到如此温和的面容,会有一股敬仰感涌上心头,同时让人的内心得以平静。

参观完奉先寺我们来到古阳洞,这里规模宏伟,气势壮观。主佛释迦侔尼眼含笑意,安详地端坐在方台上。继续沿着这条路走,便会看到药方洞,洞门两侧刻有药方,洞中五尊佛像,身体健壮,脖子粗短。药方洞的药方记载为研究药学提供了极大的帮助。

观赏完这几个地方,我们便来到香山寺,这里一直留有"香山赋诗夺锦袍"的佳话。白居易曾捐资万贯重修香山寺,并撰写《修香山寺记》来表达对香山寺的喜爱与推崇。在香山寺的东南侧是蒋宋别墅,如今一直处于沉寂状态,并未开放。我们继续向前游览,白园便映入眼中。白园,即唐代诗人白居易的墓园。白居易一生清贫,善于喝酒作诗,眷恋龙门山水。白园里面景点较多,青谷区夹于两山之中,有瀑布倾泻,引起池水荡漾,空气中混有白莲与竹子的清香,令人心旷神怡,乐此不疲;在诗廊里可以欣赏白居易的名作,可以领略中国书法的魅力;乐天堂依山傍水,多有山石,静坐山石上,可以深思体悟人生,在这里你能真切地感受到"门前有流水,墙上多高树,竹径绕荷池,萦回百余步",可谓享受大自然的美好。

龙门石窟原本是有色彩的,但由于长期暴露在自然中,经过风吹雨打而褪去色彩。历史上,龙门石窟曾经历三次极为严重的破坏,均系人为原因。在唐朝时期,全国范围掀起一场轰轰烈烈的灭佛运动——金昌灭佛,众多寺院关门,僧尼还俗。在这场灾难中,龙门石窟也遭到一定程度上的破坏。后来在战争时期,蒋介石决定将国民政府迁往洛阳,在修建道路时,对多处地方进行炸毁,对龙门石窟造成严重的破坏;民国时期,战争多发再加上政府疏于管理,龙门石窟被大量盗挖导致大量佛像被出卖,很多至今流失国外。龙门石窟遭到的严重破坏,令国人心痛。

龙门石窟断续建造400余年,历经北魏、西魏、东魏、北齐、隋、唐、宋,规模十分壮大,是5—10世纪中国乃至世界石窟艺术中最为璀璨绚烂的篇章。两山窟龛造像以数量多、雕刻精美、题材多样、历史底蕴深厚而在世界享有盛誉。龙门石窟跨越朝代之多,其里面的窟龛造像可以从一定程度上反映中国政治、经济、宗教等众多领域的历史发展,为我国石窟艺术的继承与发展做出了贡献。

龙门石窟造像可谓丰富多彩,姿态各异,栩栩如生,形神兼备;石窟的整体布局和谐,恰到好处。龙门石窟不同于我国其他地区的石窟艺术,它远承印度石窟艺术,并与魏晋洛阳和南朝先进历史文化相互碰撞、融合而来,呈现出中国化的趋势,像龛的神态气质、衣着服饰、雕刻技术为之一新,表现出宽袍大袖、秀谷清姿、表情祥和的风格。尤其是唐朝受以胖为美思想的影响,造像多为丰满圆润、典雅端庄而达到更为完美的境界。石窟的雕刻技术独具匠心,刀功娴熟,线条流畅,不拘一格,无不体现中国北魏与唐朝时期的雕刻技术以及工匠精神。龙门石窟的碑刻题记较多,多为出资营造石窟功德主的发愿文,也有历代皇帝与文人雅士等游览龙门留下的题刻,这些可为研究政治、经济、宗教、民俗等提供帮助,同时也为石窟考古提供重要依据。

龙门石窟是人类文化宝库的瑰宝,展现了中华民族的智慧与创造力。它弘扬了中国优秀的传统文化,影响了中国人民的审美情趣和提高了人们的文化自信。龙门石窟,展现了一种跨越时空的美,是一座连接过去与现在的桥梁。

5.2 白马寺

在洛阳这座古老的城市中,有一个被岁月轻轻抚摸过的角落,它便是白马寺。作为中国历史上著名的古刹之一,这里不仅是佛教文化的重要发源地,更是中华文明传承的见证者。

清晨,当第一缕阳光透过古老的松树洒在青石板路上时,我便踏上了前往白马寺的旅程。随着步伐的临近,一种庄严肃穆的气氛逐渐弥漫开来。

踏入寺院,首先映入眼帘的是那座雄伟的大雄宝殿。殿内供奉着释迦牟尼佛像,两旁分别是药师佛和阿弥陀佛,三尊佛像庄严肃立,让人不禁肃然起敬。环顾四周,壁画、雕塑以及各种佛教文物陈列其中,每一件都承载着厚重的历史与文化价值。在这里,时间仿佛凝固,每一寸土地、每一块砖石都在诉说着过往的故事。

漫步于寺内,我发现白马寺不仅仅是一座建筑群落那么简单。它更像是一本打开的历史书,每一页都记录着佛教在中国的传播与发展。从东汉时期开始,这里就是佛教传入中原的第一站。据说,当时两位印度高僧带着佛经和佛像骑着白马来到这里,从此,白马寺便成为中国首座官办佛教寺院,开启了佛教在中国传播的序章。

除了丰富的佛教文化,白马寺还见证了许多历史。比如在南北朝时期,这里是佛教翻译和研究中心;到了唐代,这里更是达到了鼎盛时期,成为国内外佛教文化交流的重要场所。历史上不少著名的高僧都曾在此修行讲学,留下了宝贵的文化遗产。

最吸引人的莫过于那些隐藏在角落里的历史痕迹。比如那块被称为"天外来石"的奇石,相传是从天而降的陨石,被视为镇寺之宝。还有那口古老的井——圣井,传说中有着不老泉的神奇功效。虽然无从考证,但这些美丽的传说无疑为白马寺增添了几分神秘色彩。

游览过程中,我深刻感受到白马寺不仅是一座寺庙,更是一个活生生的历史博物馆。在这里,不仅可以欣赏到古建筑的魅力,还能深入了解佛教文化的精髓和历史变迁。

在离开白马寺的那一刻,我想用一句话来结束这次的旅行体验:白马寺,一个让历史和文化得以传承的地方,希望在未来的日子里,它能继续以那份沉稳与宁静,迎接每一位前来探访的旅者。

5.3 陕州地坑院

导游指着远处一片稀稀疏疏长着几棵树的光秃旱原说,那是一个有几百户人家的村庄。可是,房屋呢?远远望去,那里分明有几棵树孤独地矗立着,还有一些树仿佛刚刚从地底下钻出了,仅仅从地平线上探出树梢。

为什么不见一座房子?

请原谅我对房子的关注，要知道，老百姓的日常不外乎衣食住行，尤其是这个"住"，自古以来就是老百姓生活中的重中之重。人们常说家国天下、家国情怀，这个"家"字就充分说明了"住"的重要性，没有房屋居住，就无所谓"家"。

导游说，那就是河南省三门峡市陕州区张汴乡北营村，也是我们即将到达的陕州地坑院，当然村民已经全部由政府出资搬迁到附近的楼房了，但是地坑院还在，地坑院营造技艺2011年就被列入国家级非物质文化遗产保护名录。导游说，地坑院的特点就是"见树不见村，进村不见房，入户不见门，闻声不见人"。这与我们过去所见的民居真是大有不同。

我国地域宽广，地理气候差别很大，加上民族众多，风俗各异，在房屋建筑上也呈现出丰富多彩的地域特色。比如北方寒冷干燥，房屋建筑材料多用土木，利于保暖防寒；南方湘鄂一带则多用杉木建吊脚楼，以利于通风防潮；西部陕甘地区、河南西部一带降雨稀少，气候干燥，当地居民因地制宜，挖洞而居，既节约了建筑材料，又冬暖夏凉。北营村，就是豫西地区拥有存量最多、保存最完好的"地坑院"的一个最美乡村。

黄土高原的窑洞主要有靠崖窑、砖石窑、地坑窑三种。靠崖窑常见，就是在黄土竖直面开凿的小窑，常有洞口连接上下几层，毛主席在延安居住的就是这种窑洞。砖石窑就是在地面上用砖石或土坯砌成拱券式窑顶和墙身，顶部用土加以覆盖而成的窑居建筑，既冬暖夏凉又具备良好的通风采光功能。现在陕北地区仍然还有不少砖石窑。地坑窑是先在土层中挖掘深坑，进行人为造崖，再在竖直崖面上挖掘窑洞。

北营村的地坑院极具代表性，被誉为"地平线下古村落，民居史上活化石"。陕州地貌由山区、丘陵和原川三种类型构成，属暖温带大陆性季风气候，四季分明，干燥少雨，因而西部原川地区居民多凿洞为居。

《诗经》中记载："古公亶父，陶复陶穴，未有家室。"古公亶父是周文王的祖父，这句诗的意思是说，古公亶父带着百姓们挖窑又开窑，还没筑屋建厅堂。谁承想，旱原上的人们竟然一下子就爱上了这种特殊的居住方式，并且一爱就是4000多年。

走进村落，果然大不同。

看过去，地面上是一道道用青砖砌成的七八十厘米的矮墙，矮墙围成一个方正院落，从矮墙中间望下去就能看到一家一户的地坑院了，每个院落有八九十平方米的样子。一个个方正的院落并排着延伸开去，果然是一个大村落。导游介绍说，这些矮墙过去并不全都是青砖砌的，有些人家比较富裕，就用青砖砌成一道墙,一方面阻挡雨水,另一方面是出于安全考虑,防止小孩子掉下去,过去多数人家用的是胚。

我们兴致勃勃地跟着导游从一个倾斜的洞口进去,却是一个斜挖的通道,通道宽近 2 m,高近 2 m,脚下是一层一层的台阶,顶部呈弧形,墙壁光滑。导游介绍说,现在的窑洞都被重新装修过,过去村民用来涂抹墙壁的一般都是用麦糠和的黄泥。穿过过道,迎面是一个方方正正的天井,这才是真正的天井,站在院子里,墙高六七米,天空四四方方,所以,地坑窑又叫天井窑。天井四周靠墙铺着青砖,中间部分没有青砖,只有黄土,且矮下一截,大约有 10 cm,便于渗水。斜对着正房的天井一角栽着一棵梨树,结了许多梨子。

正房在正前方,门口挂着一块牌子,上面记录着这所窑洞的信息:杨家院,开挖于 1876 年,居住过杨家六代人,人口最多时达 25 口;共有 11 间窑洞,总面积达 163 m²;天井长 10.9 m,宽 9.8 m,高 6.2 m。11 间窑洞加上院子,用镢头和铁锹,需要挖出多少方黄土?需要多少人工,多少工时?老百姓为了给自己安一个家真不容易。

牌子上还有一个关于房屋方位类型的介绍:东震宅。所谓东震宅,就是主房坐东朝西,一般都开了两扇窗就是主窑。东震宅呈长方形,一般建有八个窑洞,主窑为正东窑,东南为厨窑,西南窑、西窑为客窑,正南窑为门洞窑,西南角、西北角为五鬼窑和茅厕。坑院内常栽有果树,常见的有梨树、苹果树、石榴树,寓意吉祥。

正东窑两侧凿出两扇窗户,窗户和门口上方都用青砖固顶,呈弧形。走进正房,靠着窗户分别有两张炕,炕中间是 1 m 多宽的走道,再往里走,窑内两侧摆着老式的衣柜、八仙桌、椅子、米缸,四面墙壁上、房顶上贴着老报纸、大红剪纸,看着很有年代感。窑顶亦呈弧形,中间架一根横木,横木上挂着几个篮子,空间利用率很高。站在窑中,虽是酷暑,仍旧遍身清凉。

客窑室内布置与正房大致相同,只是略窄,只有一张炕;厨窑内搭建灶台,摆放着各种厨具;五鬼窑是圈养牲口、磨面和堆放农具杂物的地方,有的五鬼窑内墙上挂着耱头、牛梭子等物,有的则摆放着缸、锄头、木锹、织布机等常用农具。也有没有厨窑的,便在门洞窑搭灶台,既不占用空间,又便于通风。有的则在天井中搭建灶台,九个灶台灶心相连,呈斜坡状依次向上,第一个灶台火最旺,往上炉温递减,名曰穿山灶。

有人问,下雨的时候怎么办,会不会把院子里灌满了?会不会把墙皮冲坏了?导游说不会,一是当地降雨少;二是土层厚,渗水能力强;三是在五鬼窑门口挖一口水坑,可以蓄水;四是房顶一圈都用青瓦搭出房檐,可以有效防止雨水冲刷。大家抬头看去,果然有一圈房檐,黄墙、青瓦、蓝天,别有一番韵味,众人皆对建造者的智慧赞叹不已。

5.4　太行大峡谷

在太行大峡谷,我驻足观望。眼前是一片连绵起伏的山峦,它们像是古老的巨人,静静地守护着这片土地。

走进峡谷,我仿佛进入了一个神秘的世界。这里的山峦如刀削斧劈般陡峭,让人不禁感叹大自然的鬼斧神工。沿着峡谷的小径前行,我看到了一幅幅美丽的画卷。清澈的溪水从山间流淌而下,汇成了一个个碧波荡漾的湖泊。湖边长满了翠绿的树木和各种野花,散发着迷人的芬芳。

这里,山峦如波浪般起伏,每一座山峰都有它独特的姿态和故事。溪流潺潺,清澈见底,仿佛能洗净世间的一切尘埃。植被茂盛,各种野花竞相开放,散发出阵阵芬芳。在这里,我仿佛置身于一幅生动的画卷之中,每一次呼吸都成了与大自然的对话。

太行大峡谷不仅仅是自然的杰作,还承载着深厚的历史文化。周边分布着许多古村落和历史遗迹,一砖一瓦都诉说着过往的故事。我漫步在这些古道上,听着当地人讲述那些古老的传说和民间故事,感受着时间的流转和文化的沉淀。这些故事让我对这片土地有了更深的情感连接,也更加珍惜这次旅行的每一刻。在这里,我看到了古代的烽火台、古战场遗址以及古老的村落。这些遗迹诉说着太行山悠久的历史和文化。我想象着古人在这里生活的情景,他们或许也曾被这里的美丽景色所吸引,留下了许多传说和故事。

如今,太行大峡谷也面临着一些挑战。由于人类的过度开发和环境污染,这里的生态环境受到了威胁。我看到了一些地方的水源受到污染,植被遭到破坏。这让我深感痛心,因为这样的美景一旦失去就无法再回来。

大自然是如此美丽而脆弱,我们需要更加珍惜和保护它。我们应该采取行动,加强对太行山大峡谷的保护力度,减少污染和破坏。只有这样,我们才能让更多的人欣赏到太行大峡谷的壮丽景色,同时也为后代留下一片绿水青山。

5.5　殷墟遗址博物馆

殷墟,一个古老而神秘的名字,它静静地躺在河南省安阳市的土地上,诉说着千年前商朝都城的辉煌。我踏上了这片充满故事的土地,期待着与古代文明的亲密接触。

走进遗址公园的大门，仿佛穿越了时空隧道，回到了那个遥远的年代。眼前的景象让人震撼：宫殿、宗庙、墓葬、祭坛……这些遗迹组成一幅历史的画卷，生动地展示着当时的社会生活和宗教活动。我沿着青石铺成的小路漫步，每一步都似乎踏在了历史的尘埃之上。

在这里，我被那些青铜器所吸引。每一件青铜器都承载着深厚的文化内涵，有着精湛的工艺技术。我站在一件巨大的鼎前，仔细观察它的纹饰和铭文，想象着古代用鼎祭祀的庄严场景。

除了青铜器，甲骨文也是殷墟的一大特色。这些刻在龟甲兽骨上的文字，是中华文明最早的文字记录之一。我在博物馆里仔细观察着这些珍贵的文物，感受着古人的智慧和创造力。甲骨文不仅是信息的传递工具，更是连接古今的文化纽带。

在殷墟的游览中，我也深刻体会到了考古学的价值。每一处发掘的遗址都是对历史认知的一次更新。考古学家通过层层叠叠的土层，解读着古代社会的变迁和发展。这种对过去的探索和尊重，让我对文化遗产有了更深的理解。

随着现代化的步伐不断加快，历史遗址的保护也面临着挑战。如何在旅游开发与文化保护之间找到平衡点，是我们每个人都应该思考的问题。我看到了管理者在努力工作，他们不仅维护着遗址的原貌，还通过各种方式让公众更好地了解和参与其中。

在殷墟，我看到游客们或是在认真听着讲解，或是在展品前驻足思考，这让我意识到历史遗址不仅是文化的传承者，也是民族自豪感的培养基地。

当我离开殷墟的时候，心中充满了感慨。这片古老的土地给了我们太多的启示和教育。它不仅仅是一处旅游景点，更是一部活着的历史书。我相信，每一个来到这里的人都会带走一份对中华文化的敬意和对历史的思考。

因为只有当我们真正理解并珍惜自己的文化根源时，我们的未来才会更加光明。而殷墟，正是那道照亮我们文化根源的光芒。

第九章　黄河山东流域生态研学

核心素养

文化基础 / 人文底蕴 / 人文情怀

文化基础 / 科学精神 / 勇于探索

社会参与 / 责任担当 / 社会责任

社会参与 / 实践创新 / 问题解决

学习方式

查阅信息、交流访问、野外调查、讨论与展示

研学五问

1. 如何在给定的生态研学项目中开展一项个性化创新课题研究？

2. 如何完善这一项个性化创新课题？

3. 开展这一项个性化创新课题需要做哪些准备？

4. 你打算如何展示该项创新课题成果？

5. 你有什么收获和体会？

研究目的:组织实施黄河山东流域生态研学,开展土壤和水体调查研究,科学评价,为黄河山东流域土壤保护和水质维持提供依据。

研究方法:以千佛山景区、五龙潭景区、大明湖景区为实验组,以微山湖景区、养马岛景区、蓬莱阁景区为对照组,随机挖取表层土样约 1 kg 封袋,带回实验室检测 7 种养分指标和 10 种重金属指标,分析评价土壤养分和重金属含量。以黄河山东流域泺口、卧虎山水库、王台大桥、徐家汶、贺小庄断面为实验组,随机采集表层水样约 1 L 各 5 份装瓶,带回实验室检测 pH、溶解氧、电导率、浊度、高锰酸盐指数、氨氮、总磷、总氮,分析评价水质。

调查结果:(1) 土壤 pH:7.70 ~ 9.11;有机质:1.23 ~ 63.90 g/kg;全氮:0.52 ~ 3.22 g/kg;全磷:0.16 ~ 0.61 g/kg;全钾:2.60 ~ 21.60 g/kg;水解性氮:4.56 ~ 257.00 mg/kg;有效磷:10.30 ~ 97.80 mg/kg;速效钾:115.00 ~ 341.00 mg/kg。(2) 土壤砷含量:2.08 ~ 9.93 mg/kg;镉:0.07 ~ 0.22 mg/kg;铅:10.0 ~ 27.3 mg/kg;汞:0.04 ~ 2.20 mg/kg;铜:21 ~ 33 mg/kg;镍:9 ~ 30 mg/kg;锌:49 ~ 79 mg/kg;铬:38 ~ 82 mg/kg;钒:39.6 ~ 80.8 mg/kg;钼:0.46 ~ 1.42 mg/kg。(3) 水体 pH:7.98 ~ 8.26;溶解氧:7.15 ~ 12.78 mg/L;电导率:483.9 ~ 1105.9 μS/cm;浊度:6.70 ~ 407.80 NTU;高锰酸盐指数:2.11 ~ 3.95 mg/L;氨氮:0.025 ~ 0.156 mg/L;总磷:0.009 ~ 0.097 mg/L;总氮:2.70 ~ 32.54 mg/L。

研究结论:(1) 千佛山土壤有机质、全氮、水解性氮、速效钾养分等级优,全磷、全钾养分等级差;五龙潭、大明湖、养马岛土壤有机质、全氮、水解性氮、有效磷、速效钾养分等级优,全磷、全钾养分等级差;微山湖土壤有机质、全氮、水解性氮养分等级差,全钾养分等级优;蓬莱阁有机质、全氮、全磷、全钾、水解性氮养分等级差,速效钾养分等级优。综合评价:养马岛>大明湖>千佛山>五龙潭>微山湖>蓬莱阁。(2) 土壤重金属含量不超标,无污染风险。(3) 泺口水体氨氮评价为Ⅰ类水,溶解氧、高锰酸盐指数、总磷评价均为Ⅱ类水,总氮评价为劣Ⅴ类水;卧虎山水库水体溶解氧、氨氮、总磷评价均为Ⅰ类水,高锰酸盐指数评价为Ⅱ类水,总氮评价为劣Ⅴ类水;王台大桥、徐家汶、贺小庄水体溶解氧、氨氮评价均为Ⅰ类水,高锰酸盐指数、总磷评价均为Ⅱ类水,总氮评价均为劣Ⅴ类水。整体上看,黄河山东流域泺口、卧虎山水库、王台大桥、徐家汶、贺小庄断面均总氮超标。

1　项目背景

黄河滋养了山东大地,孕育了齐鲁文化。黄河山东段长 628 km,占黄河总长度的 11.5%,从东明县入境,流经菏泽、济宁、泰安、聊城、济南、德州、滨州、淄博等 9 市,在东营市垦利区注入渤海。山东是黄河流域唯一的河海交汇区,是下游生态保护和防洪减灾的主战场,在动能转换、对外开放、文化传承等领域独具优势,生态保护和高质量发展潜力大。

2021 年 10 月 20 日至 22 日,习近平总书记山东考察。习近平总书记主持召开深入推动黄河流域生态保护和高质量发展座谈会并发表重要讲话。他强调,要科学分析当前黄河流域生态保护和高质量发展形势,把握好推动黄河流域生态保护和高质量发展的重大问题,咬定目标、脚踏实地、埋头苦干、久久为功,确保"十四五"时期黄河流域生态保护和高质量发展取得明显成效,为黄河永远造福中华民族而不懈奋斗。

2　项目研究意义

本研究团队在 2023 年 7 月赴黄河山东流域开展调查(图 9-1),在 2023 年 7 月采集土样和水样,据此做生态保护与高质量发展评价。

图 9-1　2023 年 7 月黄河山东流域调查合影

图 9-1（续） 2023 年 7 月黄河山东流域调查合影

3 调查方法及过程

3.1 研究区域

千佛山景区,位于山东省济南市历下区,古称历山。隋开皇年间,因佛教盛行,随山势雕刻了数千佛像,故称千佛山。海拔 285 m,面积约 11.5 km²,景区定位为"佛教历史名山,虞舜文化圣地",现为国家级风景名胜区、国家 4A 级旅游景区、山东省文物保护单位(张晓芹等,2015;程建灿等,2022)。

五龙潭景区,位于济南旧城西门外,洛源桥北,南临趵突泉,北接大明湖。占地面积 5.44 hm²,其中水面面积 0.8 hm²,是由潭、池、溪、港等景观构成,以质朴野逸为特点的园林水景园。五龙潭泉为济南四大泉群之一。五龙潭池长 70 m,宽 5 m,水深 4 m 有余,溢水标高 25.80 m,潭水有五处泉水汇注而成主流(朱文兴,2018)。

大明湖景区,位于山东省济南市历下区,由众多泉水汇流而成,湖水经泺水河注入小清河,集水域风光、古园林景观、古道观、古水工、纪念性建筑为一体。大明湖景区总面积约 1 km²,其中水面面积约 0.58 km²,陆地面积约 0.46 km²,平均水深 2～3 m。现为国家 5A 级旅游景区、中国十大休闲湖泊(李丽,2013;刘海燕,2021)。

微山湖景区,位于山东济宁微山县,又名南四湖,由微山湖、昭阳湖、南阳湖、独山湖四个彼此相连的湖泊组成。景区规划面积 1091 km²,微山四湖南北长约 120 km,东西最宽处约 25 km,水域面积约 1266 km²,平均水深约 1.5 m,是中国北方最大的淡水湖泊。以中国荷都、北方水乡、铁道游击队故乡闻名。现为国家 5A 级旅游景区、省级风景名胜区、省级自然保护区(陈静等,2011;洪玉珍等,2023)。

养马岛景区,位于山东省烟台市牟平区,又称象岛,因相传秦始皇东巡时曾在此养马而得名。总面积约 13.5 km²,由獐岛十八洞景区、碧螺滩景区、秦风崖景区和西山湾景区组成,是一座罕见的以海蚀地貌景观遗迹为主、兼顾人文景观等遗迹的融体育、娱乐与海滨休闲度假为一体的综合性旅游胜地。现为国家 4A 级旅游景区、省级地质公园(刘真真和张广海,2016;马鑫涛和胡宇娜,2023)。

蓬莱阁景区,位于山东省烟台市蓬莱区,胶东半岛最北端,同洞庭湖畔岳阳楼、南昌滕王阁、武昌黄鹤楼齐名,并称古代四大名楼。始建于北宋嘉祐六年,由蓬莱阁、天后宫、龙王宫、吕祖殿、三清殿、弥陀寺等建筑共组成规模宏大的古建筑群,面积约 1.89 万 m²。现为国家级重点风景名胜区、全国重点文物保护单位、国家 5A 级旅游景区(曲慧等,2010;董韶军等,2024)。

3.2 研究方法

实验室分析测定土壤 pH、有机质、全氮、全磷、全钾、水解性氮、有效磷、速效钾含量以及重金属含量。土壤有机质依据《LY/T 1237—1999 森林土壤有机质的测定》,采用滴定法测定;全氮和水解性氮依据《LY/T 1228—2015 森林土壤氮的测定》,采用凯氏定氮法和滴定法测定;全磷和有效磷依据《LY/T 1232—2015 森林土壤磷的测定》,采用碱熔－钼锑抗分光光度法和比色法测定;全钾和速效钾依据《LY/T 1234—2015 森林土壤钾的测定》,采用原子吸收分光光度法测定。本次检测由青岛衡立检测研究院完成。

实验室分析测定水体 pH、溶解氧、电导率,浊度、高锰酸盐指数、氨氮、总磷、总氮含量。本次检测由临沂市科学探索实验室完成。

4 调查结果

4.1 土壤养分差异

检测分析黄河山东流域千佛山景区、五龙潭景区、大明湖景区、微山湖景区、养马岛景区、蓬莱阁景区 7 种土壤养分指标有机质、全氮、全磷、全钾、水解性氮、有效磷和速效钾含量差异(表 9-1)。

表 9-1 黄河山东流域千佛山、五龙潭、大明湖、微山湖、养马岛、蓬莱阁景区土壤养分

指标	实验组			对照组		
	千佛山	五龙潭	大明湖	微山湖	养马岛	蓬莱阁
pH	9.11	8.42	8.31	7.70	8.53	8.99
有机质	63.90	33.00	39.60	1.23	46.50	12.80
全氮	3.22	1.76	2.12	0.52	2.41	0.66
全磷	0.16	0.19	0.23	0.61	0.21	0.24
全钾	2.60	4.30	3.80	21.60	5.10	4.50
水解性氮	171.00	130.00	257.00	4.56	131.00	29.60
有效磷	16.40	24.40	97.80	10.30	94.20	10.50
速效钾	187.00	341.00	251.00	115.00	205.00	237.00

注:有机质、全氮、全磷、全钾单位均为 g/kg;水解性氮、有效磷、速效钾单位均为 mg/kg。

土壤有机质、全氮含量:千佛山>养马岛>大明湖>五龙潭>蓬莱阁>微山湖;土壤全磷含量:微山湖>蓬莱阁>大明湖>养马岛>五龙潭>千佛山;土壤全钾含量:微山湖>养马岛>蓬莱阁>五龙潭>大明湖>千佛山;土壤水解性氮含量:大明湖>千佛山>养马岛>五龙潭>蓬莱阁>微山湖;土壤有效磷含量:大明湖>养马岛>五龙潭>千佛山>蓬莱阁>微山湖;土壤速效钾含量:五龙潭>大明湖>蓬莱阁>养马岛>千佛山>微山湖。

4.2 土壤养分评价

依据《第二次全国土壤普查技术规程》土壤养分分级标准,采用土壤有机质、全氮、全磷、全钾、水解性氮、有效磷和速效钾 7 种养分指标,分别评价黄河山东流域千佛山景区、五龙潭景区、大明湖景区、微山湖景区、养马岛景区、蓬莱阁景区土壤养分等级(表 9-2)。

表9-2　黄河山东流域千佛山、五龙潭、大明湖、微山湖、养马岛、蓬莱阁景区土壤养分等级

指标	实验组			对照组		
	千佛山	五龙潭	大明湖	微山湖	养马岛	蓬莱阁
有机质	1级	2级	2级	6级	1级	4级
全氮	1级	2级	1级	5级	1级	5级
全磷	6级	6级	5级	3级	5级	5级
全钾	6级	6级	6级	2级	5级	6级
水解性氮	1级	2级	1级	6级	2级	6级
有效磷	3级	2级	1级	3级	1级	3级
速效钾	2级	1级	1级	3级	1级	1级

千佛山土壤有机质、全氮、水解性氮、速效钾养分等级优,全磷、全钾养分等级差;五龙潭、大明湖、养马岛土壤有机质、全氮、水解性氮、有效磷、速效钾养分等级优,全磷、全钾养分等级差;微山湖土壤有机质、全氮、水解性氮养分等级差,全钾养分等级优;蓬莱阁有机质、全氮、全磷、全钾、水解性氮养分等级差,速效钾养分等级优。综合评价:养马岛＞大明湖＞千佛山＞五龙潭＞微山湖＞蓬莱阁。

4.3 土壤重金属差异

检测分析黄河山东流域千佛山景区、五龙潭景区、大明湖景区、微山湖景区、养马岛景区、蓬莱阁景区土壤重金属铬、钼、镍、锌、镉、铅、铜、钒、砷、汞含量差异(表9-3)。

表9-3　黄河山东流域千佛山、五龙潭、大明湖、微山湖、养马岛、蓬莱阁景区土壤重金属

（单位:mg）

指标	实验组			对照组		
	千佛山	五龙潭	大明湖	微山湖	养马岛	蓬莱阁
砷	6.78	9.93	8.90	2.08	9.62	5.85
镉	0.21	0.11	0.14	0.07	0.22	0.07
铅	10.00	13.70	27.30	14.70	16.50	17.80
汞	0.15	0.12	2.20	0.04	0.14	0.20
铜	20.00	23.00	33.00	25.00	29.00	21.00

指标	实验组			对照组		
	千佛山	五龙潭	大明湖	微山湖	养马岛	蓬莱阁
镍	29.00	28.00	26.00	9.00	30.00	27.00
锌	79.00	68.00	67.00	69.00	55.00	49.00
铬	38.00	62.00	61.00	51.00	82.00	70.00
钒	39.60	80.80	63.90	61.70	55.30	57.50
钼	0.86	0.48	0.57	1.42	0.71	0.46

土壤砷含量:五龙潭>养马岛>大明湖>千佛山>蓬莱阁>微山湖;土壤镉含量:养马岛千佛山>大明湖>五龙潭微山湖=蓬莱阁;土壤铅含量:大明湖>蓬莱阁>养马岛>微山湖>五龙潭>千佛山;土壤汞含量:大明湖>蓬莱阁>千佛山>养马岛>五龙潭>微山湖;土壤铜含量:大明湖>养马岛>微山湖>五龙潭>蓬莱阁>千佛山;土壤镍含量:养马岛>千佛山>五龙潭>蓬莱阁>大明湖>微山湖;土壤锌含量:千佛山>微山湖>五龙潭>大明湖>养马岛>蓬莱阁;土壤铬含量:养马岛>蓬莱阁>五龙潭>大明湖>微山湖>千佛山;土壤钒含量:五龙潭>大明湖>微山湖>蓬莱阁>养马岛>千佛山;土壤钼含量:微山湖>千佛山>养马岛>大明湖>五龙潭>蓬莱阁。

4.4 土壤重金属评价

依据土壤环境质量土壤污染风险管控标准,采用土壤镉、铬、汞、镍、铅、砷、锌7种重金属指标,分别评价黄河山东流域千佛山景区、五龙潭景区、大明湖景区、微山湖景区、养马岛景区、蓬莱阁景区土壤污染风险,显示全部正常,不超标,无风险。

4.5 水质分析

检测分析黄河山东流域泺口、卧虎山水库、王台大桥、徐家汶、贺小庄断面水质指标 pH、溶解氧、电导率、浊度、高锰酸盐指数、氨氮、总磷、总氮含量差异(表9-4)。

水体 pH:泺口>贺小庄>卧虎山水库>王台大桥=徐家汶;水体溶解氧含量:王台大桥>卧虎山水库>贺小庄>徐家汶>泺口;水体电导率:徐家汶>王台大桥>贺小庄>泺口>卧虎山水库;水体浊度:泺口>贺小庄>王台大桥>徐

家汶＞卧虎山水库；水体高锰酸盐指数：王台大桥＞贺小庄＞泺口＝卧虎山水
库＞徐家汶；水体氨氮含量：泺口＞贺小庄＞王台大桥＞卧虎山水库＝徐家汶；
水体总磷含量：泺口＞徐家汶＞贺小庄＞王台大桥＞卧虎山水库；水体总氮含
量：徐家汶＞卧虎山水库＞王台大桥＞贺小庄＞泺口。

表9-4　黄河山东流域泺口、卧虎山水库、王台大桥、徐家汶、贺小庄断面水质

指标	泺口	卧虎山水库	王台大桥	徐家汶	贺小庄
pH	8.26±0.01	8.00±0.06	7.98±0.08	7.98±0.15	8.13±0.20
溶解氧	7.15±0.06	10.11±0.89	12.78±1.14	7.76±0.46	8.19±0.82
电导率	769.3±14.17	483.9±3.42	857.5±7.78	1105.9±21.98	798.7±6.58
浊度	407.8±32.17	6.7±0.29	9.3±2.79	9.0±0.66	21.3±0.83
高锰酸盐指数	2.48±0.05	2.48±0.18	3.95±0.14	2.11±0.06	3.46±0.12
氨氮	0.156±0.00	0.025±0.00	0.029±0.00	0.025±0.00	0.032±0.00
总磷	0.097±0.00	0.009±0.00	0.027±0.00	0.081±0.01	0.030±0.00
总氮	2.70±0.08	5.01±0.03	4.34±0.12	32.54±0.64	3.42±0.31

注：溶解氧、高锰酸盐指数、氨氮、总磷、总氮单位均为mg/L；电导率单位为μS/cm；浊度单位为NTU。

4.6 水质评价

根据《GB 3838—2002 地表水环境质量标准》，采用水体溶解氧、高锰酸盐指
数、氨氮、总磷、总氮含量单一指标，分别评价黄河山东流域泺口、卧虎山水库、王
台大桥、徐家汶、贺小庄断面水质（表9-5）。

表9-5　黄河山东流域泺口、卧虎山水库、王台大桥、徐家汶、贺小庄断面水质评价

指标	泺口	卧虎山水库	王台大桥	徐家汶	贺小庄
溶解氧	Ⅱ类水	Ⅰ类水	Ⅰ类水	Ⅰ类水	Ⅰ类水
高锰酸盐指数	Ⅱ类水	Ⅱ类水	Ⅱ类水	Ⅱ类水	Ⅱ类水
氨氮	Ⅰ类水	Ⅰ类水	Ⅰ类水	Ⅰ类水	Ⅰ类水
总磷	Ⅱ类水	Ⅰ类水	Ⅱ类水	Ⅱ类水	Ⅱ类水
总氮	劣Ⅴ类水	劣Ⅴ类水	劣Ⅴ类水	劣Ⅴ类水	劣Ⅴ类水

泺口水体氨氮含量单一指标评价为Ⅰ类水，溶解氧、高锰酸盐指数、总磷评
价均为Ⅱ类水，总氮评价为劣Ⅴ类水；卧虎山水库水体溶解氧、氨氮、总磷含量单
一指标评价均为Ⅰ类水，高锰酸盐指数评价为Ⅱ类水，总氮评价为劣Ⅴ类水；王
台大桥、徐家汶、贺小庄水体溶解氧、氨氮含量单一指标评价均为Ⅰ类水，高锰酸
盐指数、总磷评价均为Ⅱ类水，总氮评价均为劣Ⅴ类水。整体上看，黄河山东流

域泺口、卧虎山水库、王台大桥、徐家汶、贺小庄断面均为总氮超标。

4.7 水质相关性

相关性分析显示,水体 pH 与浊度、氨氮含量显著正相关($p < 0.05$);水体溶解氧与高锰酸盐指数极显著正相关($p < 0.01$),与总磷含量极显著负相关($p < 0.01$),与浊度、氨氮含量显著负相关($p < 0.05$);水体电导率与总磷、总氮含量极显著正相关($p < 0.01$);水体浊度与氨氮、总磷含量极显著正相关($p < 0.01$);水体高锰酸盐指数与总磷、总氮含量极显著负相关($p < 0.01$);水体氨氮与总磷含量极显著正相关($p < 0.01$);水体总磷与总氮含量显著正相关($p < 0.05$)(表9-6)。

表9-6 黄河山东流域泺口、卧虎山水库、王台大桥、徐家汶、贺小庄断面水质相关性

指标	pH	溶解氧	电导率	浊度	高锰酸盐指数	氨氮	总磷
pH	1.000	—	—	—	—	—	—
溶解氧	0.074	1.000	—	—	—	—	—
电导率	-0.091	-0.188	1.000	—	—	—	—
浊度	0.356*	-0.397*	-0.073	1.000	—	—	—
高锰酸盐指数	0.134	0.668**	-0.056	-0.273	1.000	—	—
氨氮	0.345*	-0.378*	-0.074	0.982**	-0.249	1.000	—
总磷	0.243	-0.499**	0.554**	0.687**	-0.492**	0.689**	1.000
总氮	-0.219	-0.255	0.732**	-0.304	-0.531**	-0.325	0.400*

注:$**p < 0.01$;$*p < 0.05$。

5 研学体会

5.1 千佛山

静静地矗立在济南的市中心的千佛山是一个充满历史痕迹和自然风光的地方。现在就让我们一起走进千佛山,感受那里的历史韵味和自然之美。

千佛山,这个名字源于山上的千佛洞。据说这里曾经是唐朝时期的佛教圣地,山壁上雕刻着大量的佛像,因此得名千佛山。然而,最让我震撼的并不是这些佛像,而是那一片片郁郁葱葱的山林。

一进入景区,我就被眼前的景色所吸引。这里的山峦起伏,绿树成荫,空气中弥漫着清新的草木香气。我沿着山路向上走去,一路上看到了各种各样的植物,有高大的松树,有婆娑的柳树,还有各种不知名的野花。这些植物在阳光的照耀下,显得格外生机勃勃。

我继续向上走去,来到了千佛洞前。这是一个巨大的石洞,洞口雕刻着精美的佛像。我走进洞内,只见洞内光线昏暗,佛像却显得十分庄严肃穆。我在这里停留了一会儿,感受到了一种宁静的力量。

走出千佛洞,我又继续向山上走去。山路蜿蜒曲折,每走一段路都有不同的风景等待着我。我看到了山间的小溪,清澈见底;我看到了一望无际的山野,让人心旷神怡;我还看到了山顶的云海,仿佛仙境一般。当我终于走到山顶的时候,我感到了一种前所未有的豁然开朗。

我站在山顶上,看着脚下的城市,感觉自己仿佛站在了世界的顶端。我看到了城市的繁华,也看到了城市的喧嚣,更看到了城市的和谐与宁静。

这里不仅有历史的厚重,也有自然的美景。我想,这就是千佛山的魅力所在吧。它让我们在忙碌的生活中找到了片刻的宁静,让我们在繁华的城市中找到了一丝自然。

我希望你也能来到千佛山,感受这里的历史和自然,让心灵得到一次彻底的放松和洗涤。我相信,你一定会被这里的美景所吸引,一定会爱上这个地方。

5.2　五龙潭

在山东省济南市区的心脏地带,有一处集自然之美与人文之韵于一体的宝地——五龙潭。这里山清水秀,四季风光各异,尤以春季的樱花和秋季的红叶最为著名。五龙潭不仅是一个自然景观迷人的地方,更是一个蕴含着丰富历史文化的宝库。在这里,古代石刻、传说中的龙文化等元素交织在一起,为每一位到访者提供了深入了解当地历史文化的机会。

当我漫步在五龙潭的林荫小道上时,耳边是鸟儿清脆的歌声,空气中弥漫着泥土和花朵的清新气息。春天来临时,这里的樱花盛开,粉嫩的花瓣随风飘落,如同天空中飘洒的粉色雪花。而当秋天到来之际,枫树的叶子渐渐变得火红,仿佛整个山谷都被火焰点燃,美得让人心醉。

除了自然风光的吸引力外,五龙潭还蕴藏着丰富的历史文化。走在古老的石桥上,可以感受到岁月的痕迹和历史的沉淀。那些静静立于水边的古石刻,记录着古人的智慧和艺术成就,让人不禁对那段遥远的历史产生无限的遐想。而在这些古迹之中,关于龙的传说尤为引人入胜。据传,古时候有五位龙神在此地居住,它们守护着这一方水土,使得五龙潭成为一个充满神秘色彩的地方。

不仅如此,五龙潭周边还有许多值得一游的历史建筑和文化遗址。这些建筑不仅是历史的见证,也是文化的传承。在这里,你可以找到古代文人墨客留下的诗篇和画作,感受那份穿越时空的艺术震撼。这些文化遗产不仅增添了五龙潭的文化内涵,也为游客们提供了一扇了解中国传统文化的窗口。

我的旅程中,最让我感动的是当地的居民。他们对自己的家乡充满了自豪和热爱,乐于向游客介绍这里的每一处风景和每一段历史。正是这些热情的人们,让五龙潭这个美丽的地方更加生动和有趣。他们的讲解中透露出对传统文化的尊重和珍惜,也让我深深感受到了独特风景名胜的魅力所在。

我希望能有更多的人了解济南五龙潭的文化底蕴。同时,我也希望通过介绍五龙潭的旅游资源,能够促进当地旅游业的发展,激发更多人对中国各地独特风景名胜的探索热情。

在这个快节奏的时代,我们常常忽略了身边的美丽与文化。而五龙潭正是一个提醒我们放慢脚步,细细品味生活中每一个美好瞬间的地方。无论是那片片飘落的樱花,还是那一抹抹燃烧的红叶,都在告诉我们:生活不仅有苟且,还有诗和远方。而五龙潭,正是这样一个能够带给我们诗意栖居的地方。

5.3 大明湖

在济南,有一片湖泊,它的名字叫大明湖。这是一片充满神秘色彩的湖泊,它的美丽和魅力,吸引了无数的游客。我也不例外,这不就踏上了寻找大明湖的旅程。

大明湖位于济南市中心,是济南三大名胜之一。我站在湖边,看着湖面上波光粼粼的水面,心中充满了敬畏和惊喜。湖水清澈透明,像一面镜子,映照出蓝天白云和绿树红花。湖边,垂柳依依,花香四溢,仿佛进入了一个人间仙境。我沿着湖边的小路慢慢走着,感受着大明湖的魅力。湖水轻轻地拍打着岸边,像是在诉说着古老的故事。我坐在湖边的长椅上,静静地聆听着湖水的故事,心中充满了感动。

大明湖的美,不仅仅在于它的湖水,更在于它的历史文化。据说,大明湖的历史可以追溯到唐代,它见证了济南的历史变迁,承载了济南人民的记忆和情感。我走在湖边的古道上,看着那些古老的建筑,仿佛可以看到历史的痕迹,感受到历史的厚重。

我来到湖中的小岛上,这里有一座古老的亭子,名为"明湖春晓"。我坐在亭子里,看着湖面上的景色,心中充满了宁静和惬意。我看到湖面上的荷花盛开,白鹭在湖面上翩翩起舞,一切都显得那么和谐美好。

大明湖,这是一个充满神秘色彩的地方,它的美丽和魅力,让人无法忘怀。大明湖,这是一个充满故事的地方,它的历史和文化,让人深深地感叹。大明湖,这是一个充满生机的地方,它的自然景观和生态环境,让人感到生活的美好。大明湖,这是一个让人心驰神往的地方。大明湖,我会再来的。

5.4　微山湖

烈日炎炎,我怀揣着对未知的向往和期待,踏上了前往微山湖景区的旅途。那里是一片充满水乡韵味的土地,是我渴望探寻的地方。

一进入微山湖景区,我就被眼前的景色所震撼。湖面宽阔无垠,碧波荡漾,仿佛一面巨大的翡翠镜子镶嵌在大地上。湖边的柳树在风中轻轻摇曳,如同绿色的舞者在空中翩翩起舞。远处的山峦苍翠欲滴,与湖水相映成趣,构成了一幅美丽的画卷。

我乘坐游船在湖面上畅游,感受着微风拂过的清爽和湖水带来的凉爽。船行过处,只见湖水清澈见底,鱼儿在水中自由自在地游弋。偶尔,还能看到几只白鹭在湖边悠然自得地觅食,它们的身影在阳光下显得格外美丽。微山湖不仅是一片水域,更是一个生机勃勃的生态家园。

在微山湖景区待了大半天,尽管疲惫不堪,但我感到无比的满足和快乐。因为在这里,我不仅看到了大自然的美丽,也感受到了人与自然和谐共生的美好。我坐在湖边长椅上,静静地看着湖面如水,听着远处传来的蛙鸣和虫唱,感受着这份宁静和美好。

在未来的日子里,我还会再次来到微山湖景区,因为这里有我未曾探索的秘密,有我想要找寻的答案,有我心中永恒的风景。

5.5　养马岛

夏日的阳光洒在海面上,我站在船头,眺望着那即将成为我旅程的目的地——养马岛。这个被誉为"东方的小希腊"的地方,早已在我的心中种下了神秘的种子,今天,我要亲自去揭开它的神秘面纱。

船只靠岸,我踏上了这片神奇的土地。眼前的景色让我惊叹不已。碧绿的海水、洁白的沙滩、色彩斑斓的建筑……这里就像一幅美丽的油画,让人流连忘返。

我漫步在岛上,感受着海风的吹拂、海浪的拍打。每一寸土地、每一片叶子都充满了生机和活力,仿佛在诉说着它们的故事。

沿着小路向前走,有一座古老的石桥,它横跨在一条清澈的小溪上。这座石桥见证了养马岛的历史变迁,承载了这里的故事传说。站在桥上,你可以欣赏到两岸的美景,感受到大自然的神奇魅力。

走过石桥,你会来到一个宽阔的海滩。在这里,你可以尽情地晒太阳、游泳、玩沙,感受大海的浪漫与激情。

在养马岛,你还可以参观一些有趣的景点。比如,有一个叫"海蚀地貌"的地方,那里的岩石经过千百年的海浪冲刷,形成了奇特的形状,仿佛是一件件艺术品。

还有一个叫"千年古树"的地方,那里有一棵参天大树,据说已有千年历史,是养马岛的象征。

我走进了一家当地的餐馆,品尝了这里的特色海鲜。焖杂鱼、炒海肠……每一道菜都是大自然的馈赠,让人赞不绝口。

午后,我走在沙滩上,闭上眼睛,感受着海风的吹拂、海浪的声音、太阳的温度……这一刻,我感到无比的舒适和放松。

傍晚时分,我来到了岛上的最高点——灯塔。站在灯塔上,我可以看到整个岛屿的全貌。夕阳的余晖洒在大海上,映出一片金黄,美得让人窒息。我站在那里,看着夕阳一点点落下,感受着大海的宽广和深远。

夜晚来临,我在海边的露天咖啡厅坐下,品尝着一杯香醇的咖啡,欣赏着夜空中的星星。月光洒在海面上,波光粼粼,美丽动人。

这就是我在养马岛的一天,一个充满惊喜和感动的一天。我想我会记住这一天,记住这个美丽的地方,记住这次奇妙的旅行。因为这是我生命中的一部分,是我心中的一个美好的回忆。

5.6 蓬莱阁

在浩渺的东海之上,有一座名叫蓬莱的神秘小岛。这里既是古代帝王求仙问道的圣地,也是诗人墨客笔下描绘的理想国度。这次,我有幸踏入这片仙境,去感受那里的人间烟火与神话传说。

蓬莱阁,作为蓬莱岛的标志性建筑,矗立在海边的峭壁上,仿佛是一位守望着大海的古老智者。我沿着蜿蜒的山路一路攀登,终于来到了蓬莱阁的脚下。抬头望去,阁楼巍峨壮观,层层叠叠的檐角在阳光下闪烁着金光,让人不禁想起了那句"蓬莱文章建安骨,中间小谢又清发"的诗句。

走进蓬莱阁,仿佛穿越到了古代的神话世界。壁画、木雕、石刻等艺术品无不透露出浓厚的历史气息。我被一幅幅描绘神仙驾驭祥云、骑乘神兽的画面所吸引,仿佛能听到他们的谈笑风生,感受到他们的神通广大。

蓬莱阁内还有许多关于八仙过海的传说。传说八仙曾在蓬莱阁举行盛大的宴会,欢歌笑语之间,他们决定各显神通,过海为民解忧。

离开蓬莱阁,我来到了海边。这里的海水碧蓝如玉,阳光洒在海面上,波光粼粼。我站在沙滩上,任凭海风吹拂我的脸颊,听着海浪拍打着礁石的声音,心中涌起一股莫名的激动。我想,这就是传说中的仙境吧!

蓬莱岛上还有许多其他的景点,如同一颗颗璀璨的明珠镶嵌在这片仙境之中。我游览了仙人桥、水帘洞等地,每一个地方都让我流连忘返。在这里,我不仅感受到了大自然的鬼斧神工,还领略了中华民族丰富的文化底蕴。

夜幕降临,蓬莱阁在灯光的映衬下显得更加妖娆多姿。我漫步在海边,看着远处的灯火阑珊,心中不禁感慨万千。这次蓬莱之行,让我深刻体会到了人间烟火与神话传说的美好融合,也让我更加珍惜这个美丽的世界。

第十章　黄河流域生态研学评价策略

核心素养

文化基础 / 人文底蕴 / 人文情怀

文化基础 / 科学精神 / 勇于探索

社会参与 / 责任担当 / 社会责任

社会参与 / 实践创新 / 问题解决

学习方式

查阅信息、交流访问、讨论与展示、自评与互评

研学五问

1. 如何全方位展示自己的个性化创新课题成果？

2. 如何展示该项个性化创新课题并记录完成情况？

3. 如何参照评价手册完成本人个性化创新课题成果评价？

4. 如何参照评价手册完成他人个性化创新课题成果评价？

5. 你有什么收获和体会？

1　研究问题

2019 年 9 月 18 日,习近平总书记主持召开黄河流域生态保护和高质量发展座谈会并发表重要讲话,黄河流域生态保护和高质量发展上升为重大国家战略。他提出,治理黄河,重在保护,要在治理。要坚持山水林田湖草综合治理、系统治理、源头治理,统筹推进各项工作,加强协同配合,推动黄河流域高质量发展。要坚持绿水青山就是金山银山的理念,坚持生态优先、绿色发展,以水而定、量水而行,因地制宜、分类施策,上下游、干支流、左右岸统筹谋划,共同抓好大保护,协同推进大治理,着力加强生态保护治理、保障黄河长治久安、促进全流域高质量发展、改善人民群众生活、保护传承弘扬黄河文化,让黄河成为造福人民的幸福河。

开展研学实践,有利于促进学生培育和践行社会主义核心价值观,激发学生对党、对国家、对人民的热爱之情;有利于推动全面实施素质教育,促进书本知识和生活经验的深度融合。为深入贯彻落实习近平生态文明思想,努力在中华民族永续发展的伟大事业中贡献青春力量,坚持以立德树人为根本任务,以劳动和实践教育为创新重点,坚持研学与教育教学深度融合的核心理念,全力推进普通高中育人方式改革,使学生"掌握科学探究的思路和方法,形成合作精神,善于从实践的层面探讨或尝试解决现实生活问题"。

我们组织开展黄河流域生命共同体研学课程研究,积极探索源于自然的开放生本课堂教学改革,注重学思与实践相结合,拓宽教育教学新途径,提高学生核心素养,培育学生的科学精神和实践能力,运用跨学科思维解决身边实际问题的能力,强调历史、化学、生物、地理等多学科思维融合,重点培养高中生的创新精神和学术科研能力。我们以黄河流域生态调查为核心,探索高中生主持黄河流域主题科学实验或课题研究,科学诊断黄河流域生态问题。

2　研究背景

2001 年 6 月,教育部颁布的《基础教育课程改革纲要(试行)》明确规定,"从小学到高中设置综合实践活动并作为必修课程"。2016 年 11 月,教育部、国家发展改革委等 11 部门联合印发《关于推进中小学生研学旅行的意见》,强调研学旅行是教育教学的重要内容,是综合实践育人的有效途径。各中小学要结合当地实际,把研学旅行纳入学校教育教学计划,与综合实践活动课程统筹考虑,促进研学旅行和学校课程有机融合。

新时代国际国内教育强调"综合"与"实践",综合实践活动应运而生,研学是提升综合素养的可为路径。

2020年9月11日,习近平总书记主持召开科学家座谈会上强调"把教育摆在更加重要位置,全面提高教育质量……注重培养学生创新意识和创新能力",指出"好奇心是人的天性,对科学兴趣的引导和培养要从娃娃抓起,使他们更多了解科学知识,掌握科学方法,形成一大批具备科学家潜质的青少年群体"。

2021年5月29日,时任山东省委教育工委常务副书记,省教育厅党组书记、厅长邓云锋出席沿黄九省区青少年学生研学实践活动启动大会,指出通过开展沿黄青少年研学实践活动,深入挖掘黄河文化蕴含的时代价值,讲好黄河故事,延续历史文脉,是贯彻落实习近平总书记重要指示、践行国家黄河战略的有力举措,也是对青少年校外教育的一种模式创新。

3 研究过程

野外调查区域为黄河流域九省区(青海、四川、甘肃、宁夏、蒙古、陕西、山西、河南、山东)。为深入贯彻落实习近平总书记黄河流域生态保护国家战略,主动担当作为,努力在"让黄河成为造福人民的幸福河"的伟大事业中贡献青春力量,我们开发了黄河流域生命共同体研学课程,以习近平新时代中国特色社会主义思想为指导,以立德树人为根本任务,坚持研学旅行与教育教学深度融合和创新的核心理念,全面推进黄河流域生命共同体研学综合性发展。

我们开展黄河流域生命共同体高中生态研学实践,积极探索源于自然的开放生本课堂教学改革,注重学思与实践相结合,拓宽教育教学新途径,提高学生学核心素养。

重点:培养高中生的创新精神和学术科研能力。

难点:我们以黄河流域生命共同体研学特色课程建设为核心,探索师生联合开发课程、高中生主持高端研学旅行科学实验或课题研究等方式,培养高中生的创新精神和学术科研能力。

路径:(1)开发黄河流域生命共同体研学特色课程;(2)构建"常态化"黄河流域生命共同体研学特色课程教学模式;(3)在常规教学中渗透高中生黄河流域生命共同体研学旅行特色课程。

我们开展黄河流域生命共同体生态研学实践,实现了教学场景和学习方式的重大转变,教学场景从单一的学校课堂变为学校课堂→自然课堂→学校课堂,学习方式从单一的课堂学习变为课堂学习→研学实践→课堂学习。我们积极探索基于情境、问题导向的互动式、启发式、探究式、体验式等课堂教学模式,按照课程标准的教学计划结合自然生态环境四季变化,循序渐进开展课题研究、项目设计、研究性学习等跨学科综合性教学,认真开展验证性实验和探究性实验教学,如下面的生态研学项目化探究课堂流程就做到了课外生态与课堂内容很好地结合,提高了学生的学习积极性,培养了学生的科学素养、创新思维。

我们将黄河流域生命共同体研学特色课程建设分解为野外调查、课题分析和课程建设三个阶段。野外调查主要采用取样调查(采集土样和水样)和问卷调查(发放和回收调查问卷)。

(1)生态研学实践活动是课堂教学的延伸、深化,突出活动的主题化、项目化、系列化。活动围绕学科兴趣培养、学习互助、研究性学习、创新实验等方面开展。内容充实有序,保证连续性与稳定性。

(2)组建生态研学活动小组,可跨班跨校,甚至跨市县,人员要相对稳定。要鼓励学生自我管理,自己确定活动内容与方式。教师加强指导,组织各小组之间交流,及时总结出现的问题、经验、体会。

(3)我们从高一年级入学初就建立兴趣小组,做好规划设计,克服困难与问题,保障生态研学综合实践活动稳定健康发展,真正成为学生学习生物学的第二课堂,培养学生科研探索能力与实践创新能力。

4 研究成果

4.1 学术思想特色

我们坚持育人为本原则,遵循教育规律和学生成长规律,面向新时代社会人才培养需要,基于黄河流域生命共同体研学特色课程,综合引领构建以学生为中心的教育生态,实现全面发展且有质量的教育,促进学生德智体美劳全面发展。

4.2 学术观点特色

我们尊重首创原则,坚持问题导向,坚持实践创新驱动,发扬师生首创精神,鼓励各校因地制宜,先行先试。我们的黄河流域生命共同体研学特色课程研究,充分发掘学校课程资源,深入研究和分析流域内地方和社区的背景和条件,充分挖掘地方自然条件、经济文化、民族文化传统等方面的课程资源,体现课程资源的地方特色和流域共同体。

4.3 研究方法特色

我们采用"家—国—天—地—生"黄河流域生命共同体研学教育模式。"家",即家国情怀,国家意志;"国",国际视野,国际眼光;"天—地",研究选题和内容顶天立地,对标国际前沿开创新局面,坚持把论文写在祖国大地上;"生",生命共同体。

5 活动评价

5.1 成绩评定项目(满分 100 分)

① 查找资料(20 分)

形式:5 分(3 种以上),3 分(2 种—3 种),1 分(1 种)。

内容:5 分(多彩),3 分(丰富),1 分(单薄)。

新颖性:5 分(新奇),3 分(普通),1 分(陈旧)。

可行性:5 分(完全可执行),3 分(可执行大部分),1 分(可执行少部分)。

② 活动方案设计(20 分)

形式:5 分(3 种以上),3 分(2 种—3 种),1 分(1 种)。

内容:5 分(多彩),3 分(丰富),1 分(单薄)。

新颖性:5 分(新奇),3 分(普通),1 分(陈旧)。

可行性:5 分(完全可执行),3 分(可执行大部分),1 分(可执行少部分)。

③ 活动方案执行(20 分)

合作交流:8 分(交流充分),5 分(交流一般),3 分(基本没有交流)。

参与程度:8 分(主持者),5 分(主要参与者),3 分(边缘参与者)。

时间把握:4 分(1 课时),2 分(0.5 课时至 1.5 课时),1 分(2 课时或 0.5 课时)。

④ 活动方案撰写(20 分)

形式:5 分(3 种以上),3 分(2 种—3 种),1 分(1 种)。

内容:5 分(多彩),3 分(丰富),1 分(单薄)。

新颖性:5 分(新奇),3 分(普通),1 分(陈旧)。

可行性:5 分(完全可执行),3 分(可执行大部分),1 分(可执行少部分)。

⑤ 课堂展示（20 分）

形式：5 分（3 种以上），3 分（2 种—3 种），1 分（1 种）。

内容：5 分（多彩），3 分（丰富），1 分（单薄）。

新颖性：5 分（新奇），3 分（普通），1 分（陈旧）。

可行性：5 分（完全可执行），3 分（可执行大部分），1 分（可执行少部分）。

5.2　评定分数来源

学生自评、小组互评、老师打分各占总分的 1/3。

如课堂展示（20 分）

① 基本分（成果展示类型）：公众展示、决策展示、学术展示、校内展示、评比展示，5 种展示类型每类型 2 分，满分 10 分。

② 附加分（成果展示项目）：公众展示、决策展示、学术展示、校内展示、评比展示，5 种展示类型中任意单项超过 1 种加 1 分。

参考文献

[1] 白丹,马耀峰,刘军胜.基于扎根理论的世界遗产旅游地游客感知评价研究——以秦始皇陵兵马俑景区为例 [J].干旱区资源与环境,2016,30(6):198-203.

[2] 边金霞,牛小霞,陈娟.草原两轮补奖政策生态效益评价——以甘南州美仁草原为例 [J].现代农业科技,2024,31(2):94-97.

[3] 蔡宁曦,马一萍,邹丽,郭海瑾,马昊坤.黄河永著安澜颂 [N].吴忠日报,2023-6-8.

[4] 曹晓昕,尚蓉,梁力,宋涛,詹红,范佳.内蒙古昭君博物院 中国内蒙古 [J].世界建筑导报,2022,37(5):16-19.

[5] 陈静,郝昕奕,杨莉.豫西地坑院型村落空间形态研究 [J].工业建筑,2020,50(5):8-12.

[6] 陈静,蒋万祥,王洪凯.微山湖典型水域营养盐分布及富营养化评价 [J].中国农学通报,2011,27(3):421-424.

[7] 陈雪,左合君,陈士超,闫敏,王海兵,李小乐.基于结构方程模型的沙漠旅游区游客行为意向的影响研究——以响沙湾旅游区为例 [J].中国沙漠,2023,43(3):119-126.

[8] 程建灿,袁莹,黄莉,王巧云,李霄鹤.网络语境下游客感知表征和投射形象比较研究——以济南千佛山风景区为例 [J].四川林业科技,2022,43(4):109-116.

[9] 程靖峰.协同推进大保护大治理 建设造福人民的幸福河 [N].陕西日报,2020-9-19.

[10] 程俊兰,王公为.遗址性博物馆景观叙事与游客认同建构——以昭君博物院为例 [J].干旱区资源与环境,2023,37(11):201-208.

[11] 单琳,屈秀伟."一带一路"建设视角下洛阳白马寺文化旅游 SWOT 分析 [J].当代旅游,2022,20(9):10-12.

[12] 丁明夷. 龙门石窟唐代造像的分期与类型 [J]. 考古学报, 1979, 24 (4): 519-546.

[13] 董韶军, 石莹, 步利云. 试论道教文化对蓬莱阁的影响 [J]. 鲁东大学学报 (哲学社会科学版), 2024, 41 (2): 37-42.

[14] 都慧芳, 陶馨, 张艺斐, 李积萍, 李月, 刘扬. 龙羊峡水库次表层叶绿素 a 最大值层时空分布特征及影响因素 [J]. 环境生态学, 2024, 6 (3): 107-111.

[15] 杜雨, 万么项杰. 基于网络文本分析的生态旅游目的地形象感知研究——以祁连县卓尔山景区为例 [J]. 江西科学, 2023, 41 (1): 94-100.

[16] 范子龙, 卫婉英, 刘轶. 龙门石窟奉先寺水害治理研究 [J]. 石窟与土遗址保护研究, 2024, 3 (1): 26-37.

[17] 高星, 王惠民, 关莹. 水洞沟旧石器考古研究的新进展与新认识 [J]. 人类学学报, 2013, 32 (2): 121-132.

[18] 耿娜娜, 邵秀英. 基于模糊综合评价的古村落景区游客满意度研究——以皇城相府景区为例 [J]. 干旱区资源与环境, 2020, 34 (11): 202-208.

[19] 郭人豪. 高寒湿地低碳旅游开发模式研究——以黄河九曲第一湾景区为例 [J]. 技术与市场, 2013, 20 (1): 89-91.

[20] 韩文涛, 李远, 由书阳, 张远志. 万里黄河绕九曲 千古风流汇一楼——中华黄河楼(在建)[J]. 中国建筑装饰装修, 2014, 5 (1): 88-93.

[21] 郝嘉伟, 李煜. 成吉思汗陵景区蒙古族传统民族色彩运用浅析 [J]. 现代园艺, 2022, 45 (1): 157-159.

[22] 何洁. 云冈石窟的国际化阐释 [J]. 文史月刊, 2024, 31 (4): 73-80.

[23] 洪玉珍, 高宇航, 陈曦, 王伟萍, 裘丽萍, 宋超, 范立民, 李丹丹, 孟顺龙, 徐跑. 微山湖人工鱼礁区浮游植物群落结构特征及其与环境因子的关系 [J]. 淡水渔业, 2023, 53 (5): 11-21.

[24] 胡炜霞, 朱林珍, 李明. 山西大院民居型景区的周边环境空间演变特点——以阳城县皇城相府为例 [J]. 经济地理, 2018, 38 (10): 218-225.

[25] 黄玉林, 夏红霞, 朱大林, 类延宝, 孙庚, 旷培刚, 杨小平, 杜杰, 胡霞, 陈群龙 [J]. 九寨沟典型苔藓结皮的生态效应研究. 四川林业科技, 2024, 45 (2): 71-77.

[26] 江波, 张路, 欧阳志云. 青海湖湿地生态系统服务价值评估 [J]. 应用生态学报, 2015, 26 (10): 3137-3144.

[27] 孔维达. 西夏风情园, 再现西夏王朝的神秘魅力 [J]. 宁夏画报(时政版),

2016, 23（Z1）: 144-145.

[28] 雷红平, 赵琳兴, 夏发长, 刘福田, 李得忠, 崔宝祖, 祁尧刚, 欧立鹏, 杨永顺. 黄河干流甘肃白银 – 宁夏沙坡头段水体污染现状评价及源解析 [J]. 生态与农村环境学报, 2024, 40（5）: 710-717.

[29] 李丽. 自然景观模式的城市公园改造综合分析——以济南大明湖公园改扩建为例 [J]. 中国园林, 2003, 19（10）: 70-73.

[30] 李隆, 贺东鹏, 陈章, 武发思, 朱非清, 胡军舰, 岳永强. 麦积山石窟松鼠科动物种群数量特征及其危害 [J]. 兰州大学学报（自然科学版）, 2024, 60（2）: 214-221.

[31] 李曼, 李燕燕, 厉建梅, 乐凌云. 认知 – 情感视角下遗产旅游难忘体验的形成与演变研究——基于平遥古城游客追踪数据的多层次分析 [J]. 干旱区资源与环境, 2024, 38（2）: 165-172.

[32] 李永强, 刘会云, 冯梅, 苏蕾, 张键, 郑艳慧. 大型古建筑文物三维数字化保护研究——以白马寺齐云塔为例 [J]. 河南理工大学学报（自然科学版）, 2012, 31（2）: 186-190.

[33] 李昱霖, 张多勇. 雁门关的研究现状与尚待解决的问题 [J]. 陇东学院学报, 2023, 34（1）: 31-36.

[34] 李最雄. 敦煌莫高窟唐代绘画颜料分析研究 [J]. 敦煌研究, 2002, 19（4）: 11-18.

[35] 刘海燕. 光景观游圈记忆点提升夜间文旅经济——以济南泉城大明湖夜景灯光为例 [J]. 照明工程学报, 2021, 32（3）: 32-37.

[36] 刘钰祖, 杜森. 传统村落文化基因图谱构建与保护传承研究——以甘南藏族自治州扎尕那村为例 [J]. 安徽农业科学, 2024, 52（6）: 190-195.

[37] 刘再华, 袁道先, 何师意, 曹建华, 游省易, W. Dreybrodt, U. Svensson, K. Yoshimura, R. Drysdale. 四川黄龙沟景区钙华的起源和形成机理研究 [J]. 地球化学, 2003, 32（1）: 1-10.

[38] 刘正霄, 李东群, 田成, 杨霞丽, 冯可, 蔡小录, 李育鹏, 贺巧妮, 李俊清. 基于红外相机技术对陕西老县城国家级自然保护区大中型兽类及林下鸟类资源分析 [J]. 动物学杂志, 2020, 55（2）: 153-164.

[39] 刘真真, 张广海. 基于博弈论的中国有居民海岛旅游开发决策研究——以山东烟台养马岛为例 [J]. 海洋开发与管理, 2016, 33（7）: 3-8.

[40] 柳红波, 郭英之, 李小民. 世界遗产地旅游者文化遗产态度与遗产保护行

为关系研究——以嘉峪关关城景区为例 [J]. 干旱区资源与环境, 2018, 32 (1): 189-195.

[41] 吕霞. 守护母亲河　建设幸福河 [N]. 甘肃经济日报, 2020-8-13.

[42] 马德君. 提高政治站位 践行源头责任 全面推动黄河流域生态保护和高质量发展 [N]. 青海日报, 2020-6-15.

[43] 马风云, 李新荣, 张景光, 李爱霞. 沙坡头人工固沙植被土壤水分空间异质性 [J]. 应用生态学报, 2006, 17 (5): 789-795.

[44] 马强. "水洞沟遗址发现100周年国际学术会议" 纪要 [J]. 文物, 2023, 67 (12): 89-93.

[45] 马鑫涛, 胡宇娜. 基于动态空间的海岛旅游者行为特征及影响因素研究——以山东养马岛为例 [J]. 海洋开发与管理, 2023, 40 (2): 29-38.

[46] 马秀娟. 响沙湾旅游区游客体验质量提升研究 [J]. 内蒙古师范大学学报 (自然科学汉文版), 2017, 46 (3): 422-425.

[47] 门柱, 何绪华. 郭峪古城　重门深院韵悠悠 [J]. 旅游纵览, 2012, 10 (9): 70-73.

[48] 彭杨靖. 青海省大柴旦翡翠湖 [J]. 湿地科学与管理, 2023, 19 (4): 98.

[49] 邱小琼, 赵红雪, 孙晓雪. 宁夏沙湖浮游植物与水环境因子关系的研究 [J]. 环境科学, 2012, 33 (7): 2265-2271.

[50] 曲慧, 肖碧勇, 王林安. 蓬莱阁木构架承载力有限元分析 [J]. 烟台大学学报 (自然科学与工程版), 2010, 23 (1): 59-63.

[51] 任健美, 牛俊杰, 胡彩虹, 刘永存. 五台山旅游气候及其舒适度评价 [J]. 地理研究, 2004, 22 (6): 856-862.

[52] 邵利, 唐仲霞, 向程, 任奚娴, 柴健. 旅游社区治理多主体共生行为模式演化探析——以青海省互助土族故土园为例 [J]. 湖北农业科学, 2020, 59 (24): 236-241.

[53] 邵明亮. 看似 "不起眼" 四川能做啥? [N]. 四川日报, 2021-10-10.

[54] 邵明亮. 筑牢上游生态屏障 守护黄河长久安澜 [N]. 四川日报, 2023-7-12.

[55] 石贵琴, 杨洋, 周建鹏, 张倩倩, 王艳华, 李玉敏. 基于 SERVQUAL 模型的张掖七彩丹霞景区旅游服务质量提升 [J]. 河西学院学报, 2023, 39 (1): 50-59.

[56] 史舸. 宁夏湿地旅游区碳排放、碳汇测量与均衡——以阅海国家湿地公园

和沙湖自然保护区为例 [J]. 黑龙江环境通报, 2024, 37 (2): 11-15.

[57] 双金. 民俗学视野下的成吉思汗陵祭祀文化 [J]. 内蒙古大学艺术学院学报, 2011, 8 (1): 17-23.

[58] 宋策, 周孝德, 辛向文. 龙羊峡水库水温结构演变及其对下游河道水温影响 [J]. 水科学进展, 2011, 22 (3): 421-428.

[59] 宿白. 云冈石窟分期试论 [J]. 考古学报, 1978, 23 (1): 25-38.

[60] 孙小贝. 五台山红色文化价值阐释与展示利用研究 [J]. 文化学刊, 2024, 19 (2): 169-172.

[61] 王道勋. 提升太行大峡谷风景区旅游品质的对策研究 [J]. 经济研究导刊, 2014, 10 (17): 141-142.

[62] 王嘉诚. 历史地理角度下唐华清宫的山地空间塑造研究 [J]. 城市建筑, 2022, 19 (24): 133-136.

[63] 王劲玉, 梁晓飞. 逐绿补链气象新 [N]. 经济参考报, 2023-10-16.

[64] 王茜萌, 卫红. 乡村振兴视角下陕州区地坑院村落群联动发展策略的困境与提升措施 [J]. 中南农业科技, 2024, 45 (5): 214-218.

[65] 王耀斌, 陆路正, 魏宝祥, 杨玲, 刘秋霞, 陈海龙. 多维贫困视角下民族地区乡村旅游精准扶贫效应评价研究——以扎尕那村为例 [J]. 干旱区资源与环境, 2018, 32 (12): 190-196.

[66] 魏刚, 殷志强, 马吉福, 张婷婷. 黄河上游阿什贡滑坡群发育期次及演化过程分析 [J]. 水文地质工程地质, 2016, 43 (6): 133-140.

[67] 温都苏. 让黄河成为造福人民的幸福河 [N]. 鄂尔多斯日报, 2021-11-22.

[68] 吴娜, 李菲, 吴进甫. 太行大峡谷的地质景观 [J]. 安阳工学院学报, 2006, 5 (3): 11-15.

[69] 吴雪. 殷墟 / 伟大的商文明 [J]. 新民周刊, 2024, 14 (13): 40-45.

[70] 咸文静. 让黄河成为造福人民的幸福河 [N]. 青海日报, 2020-9-18.

[71] 向程, 唐仲霞, 刘梦琳, 邵利. 基于旅游企业视角的民族社区旅游多主体共生协调机制研究——以互助土族自治县土族故土园为例 [J]. 河南科技大学学报(社会科学版), 2019, 37 (2): 76-84.

[72] 谢峰淋, 周全, 史航, 舒枭, 张克荣, 李涛, 冯水园, 张全发, 党海山. 秦岭落叶阔叶林 25 ha 森林动态监测样地物种组成与群落特征 [J]. 生物多样性, 2019 (27): 439-448.

[73] 许檀, 乔南. 清代的雁门关与塞北商城——以雁门关碑刻为中心的考察

[J]. 华中师范大学学报（人文社会科学版），2007，37（3）：78-85.

[74] 许晓青，余楚萌，徐荣林，刘颂. 声纹识别技术支持下自然保护地鸟类多样性节律特征及监测有效性研究——以黄龙自然保护区为例 [J]. 园林，2024，41（4）：11-18.

[75] 薛正昌. 贺兰山岩画文化 [J]. 宁夏社会科学，2004，22（2）：72-77.

[76] 杨鸿锐，刘平，孙博，仪志毅，王家杰，岳永强. 冻融循环对麦积山石窟砂砾岩微观结构损伤机制研究 [J]. 岩石力学与工程学报，2021，40（3）：545-555.

[77] 杨焱. 秦始皇兵马俑文物的环境保护与可持续性管理 [J]. 收藏，2023，14（10）：7-9.

[78] 杨有贞，赵诣深，谌文武，林青青，刘葳，张刚，马文国. 多重模拟条件下贺兰山岩画病害形成机理研究 [J]. 干旱区资源与环境，2023，37（6）：124-132.

[79] 岳明，张林静，党高弟，辜天琪. 佛坪自然保护区植物群落物种多样性与海拔梯度的关系 [J]. 地理科学，2002，22（3）：349-354.

[80] 张荷生，崔振卿. 甘肃省张掖丹霞与彩色丘陵地貌的形成与景观特征 [J]. 中国沙漠，2007，26（6）：942-945.

[81] 张晋峰，牛宏. "马踏飞燕"当为"天马伴金乌"——雷台汉墓铜奔马的宗教学解读 [J]. 西北民族大学学报（哲学社会科学版），2017，39（2）：132-139.

[82] 张晴雯，张惠，易军，罗良国，张爱平，王芳，刘汹亮，杨正礼. 青铜峡灌区水稻田化肥氮去向研究 [J]. 环境科学学报，2010，30（8）：1707-1714.

[83] 张晓梅，程绍文，刘晓蕾，王琦，李照红. 古城旅游地网络关注度时空特征及其影响因素——以平遥古城为例 [J]. 经济地理，2016，36（7）：196-202.

[84] 张晓芹，孙磊，张强. 旅游干扰对济南千佛山风景区土壤部分生态因子的影响 [J]. 水土保持学报，2015，29（4）：332-336.

[85] 张友春. 绥远城的象征——将军衙署 [J]. 理论研究，1999，9（6）：43-44.

[86] 张泽众，徐建龙. 青海盐湖地区生态旅游开发探析——以打造大柴旦翡翠湖生态旅游景区为例 [J]. 青海科技，2022，29（1）：153-156.

[87] 张照伟，李文渊，郭周平，王亚磊，高永宝，张江伟，李侃，钱兵. 青海省阿什贡含镍矿镁铁-超镁铁岩体形成时代及其对成矿机制的启示 [J]. 地球学

报，2014，35（1）：59-66.

[88] 张正模，段京，张二科，朱玉庆，宋莹盼，苑嘉承，胡塔峰. 莫高窟文物保存环境的大气颗粒物背景浓度及化学组成 [J]. 文物保护与考古科学，2024，36（2）：85-92.

[89] 章锦河，张捷，梁玥琳，李娜，刘泽华. 九寨沟旅游生态足迹与生态补偿分析 [J]. 自然资源学报，2005，20（5）：735-744.

[90] 赵洪源，李丽. 清绥远将军衙署建筑装饰特征及文化内涵研究 [J]. 城市住宅，2021，28（12）：123-125.

[91] 赵连春，秦爱忠，赵成章，段凯祥，王继伟，文军. 嘉峪关草湖湿地植物功能群组成及其性状对不同生境的响应 [J]. 生态学报，2020，40（3）：822-833.

[92] 赵忆，许超然，刘庭风. 依山挟水——唐华清宫山水格局研究 [J]. 建筑史学刊，2024，5（1）：4-14.

[93] 中国社会科学院考古研究所安阳工作队. 1969—1977 年殷墟西区墓葬发掘报告 [J]. 考古学报，1979，24（1）：27-157.

[94] 周美林，刘家宏，刘希胜，王亚琴. 青海湖流域植被动态变化驱动力及空间粒度效应 [J]. 中国环境科学，2024，44（3）：1497-1506.

[95] 朱磊，张伟业，潘自林，丁一民，雷晓萍，张宗和，孙伯颜，柴明堂. 基于Sentinel-2 的青铜峡灌区春小麦和苜蓿早期识别 [J]. 灌溉排水学报，2024，43（5）：86-94.

[96] 朱文兴. 天下奇观五龙潭 [J]. 走向世界，2018，25（12）：92-95.